高等院校艺术学门类"十四五"系列教材

Flash网络设计与制作

（第二版）

Flash WANGLUO SHEJI YU ZHIZUO

主　编◎刘　璞　王　娟　周　宇　胡瑞年
副主编◎庾　坤　龚应军　王　娜　李　娇　陈　玲　史晓燕
参　编◎王　鑫　徐　琳　喻　荣　曹世峰　詹　云　吉　毅
　　　　刘融融　伍　琼　熊　刚　闫　萍　李　铀　于志博

华中科技大学出版社
http://www.hustp.com
中国·武汉

内 容 简 介

　　全书包括七章内容，即 Flash 概述、Flash 绘图设计、Flash 网络贺卡设计、Flash 网络短片设计、Flash 网络广告设计、Flash 交互相册设计和 Flash 网页设计。本书将 Flash 软件技术与网络设计紧密结合，讲述了不同类型 Flash 网络设计与制作的流程和技法，注重引导和启发读者进行创意设计，将软件技术和商业设计有机融为一体，可使读者逐步掌握 Flash 网络设计与制作的流程和技法，从而实现从基础到专业的提升。

图书在版编目（CIP）数据

Flash 网络设计与制作 / 刘璞等主编 . —2 版 . —武汉：华中科技大学出版社，2022.5
ISBN 978-7-5680-8181-8

Ⅰ . ① F… 　 Ⅱ . ① 刘… 　 Ⅲ . ① 动画制作软件 　 Ⅳ . ① TP391.414

中国版本图书馆 CIP 数据核字 (2022) 第 063726 号

Flash 网络设计与制作（第二版）
Flash Wangluo Sheji yu Zhizuo （Di-er Ban）

刘璞　　王娟　　周宇　　胡瑞年　主编

策划编辑：彭中军
责任编辑：刘姝甜
封面设计：孢　子
责任监印：朱　玢
出版发行：华中科技大学出版社（中国·武汉）　　　电话：（027）81321913
　　　　　武汉市东湖新技术开发区华工科技园　　　邮编：430223
录　　排：武汉创易图文工作室
印　　刷：湖北新华印务有限公司
开　　本：880 mm × 1230 mm　1/16
印　　张：10
字　　数：269 千字
版　　次：2022 年 5 月第 2 版第 1 次印刷
定　　价：69.00 元

前言

随着网络技术与数字互动娱乐的发展，网络视觉设计成为新兴的设计种类，Flash 应用于网络中的广告、游戏、动画、网页、课件等各类设计中。同时，"Flash 网络设计与制作"成了各大高校广告和数字媒体等专业的必修课程。市面上的同类教材，或相对单一，或缺乏实战，鲜有实用性突出的。

本书根据专业的特点与人才的需要，通过实践教学提高教学质量，提高学生的实践动手能力。本书建立了一个探讨实习实训的教学平台，具有一定的应用和推广价值。对书中各章的学习，将使读者由浅入深、举一反三地逐步掌握 Flash 动画设计的各项技能，真正学会精彩动画的制作方法。

本书适合作为高等院校的广告专业、数字媒体专业、动漫专业、游戏专业以及培训机构相关课程的教材使用，也可供 Flash 多媒体制作人员和 Flash 爱好者学习使用。本书重点在于引导和启发读者的设计创意，将软件技术和商业创作有机融为一体，帮助读者实现从基础到专业的提升。

本书在编写过程中参阅了部分专家学者的作品，由于诸多原因未能一一列明，敬请谅解。

武汉东湖学院　刘璞

目录

第一章　Flash 概述　001

第一节　Flash 简介　002
第二节　Flash 操作环境　007

第二章　Flash 绘图设计　013

第一节　Flash 绘图概述　014
第二节　绘图设计　015
第三节　图形制作　022

第三章　Flash 网络贺卡设计　033

第一节　Flash 网络贺卡设计基础　034
第二节　四季祝福贺卡设计　035
第三节　新年贺卡设计　043

第四章　Flash 网络短片设计　057

第一节　Flash 网络短片设计基础　058
第二节　网络短片设计——《龙子太郎》　059

第五章　Flash 网络广告设计　083

第一节　Flash 网络广告设计基础　084
第二节　链接式横幅广告设计　085
第三节　网络产品广告设计　093

第六章　Flash 交互相册设计　107

第一节　Flash 交互相册设计基础　108
第二节　相片集设计与制作　109
第三节　主题相册设计与制作　117

第七章　Flash 网页设计　129

第一节　Flash 网页设计基础　130
第二节　Flash 下拉菜单设计与制作　131
第三节　个人站点设计与制作　136

参考文献　153

第一章
Flash 概述

✎ （任务概述）

通过对本章进行学习，读者可了解 Flash 的起源与发展、Flash 的特点，理解 Flash 的相关概念，掌握 Flash 的基本操作，从而获得对 Flash 的初步认识。

✎ （能力目标）

对 Flash 有一个正确的认识和定位，为后续运用 Flash 网络设计奠定坚实的理论基础。

✎ （知识目标）

了解 Flash 的特点，掌握 Flash 的形式与分类，并能表述出自己的观点。

✎ （素质目标）

具备自学能力，并对 Flash 有多方面的理解。

第一节　Flash 简介

Flash 是目前应用极其广泛的二维动画制作软件，它最早是美国 Macromedia 公司推出的网络媒体交互工具，具有强大的多媒体编辑功能，支持动画展示、声音播放及交互功能。用它制作动画不但流畅生动、画面精美，而且对制作者的知识背景要求不高，简单易学，因此它在动画制作领域受到广大用户的青睐，并占据了动画制作行业的主流地位。本章将对 Flash 软件做简单介绍，为后面的学习奠定基础。

一、Flash 发展史

Flash 的前身是 FutureWave 公司的 Future Splash，是世界上第一个商用的二维矢量动画软件，用于设计和编辑 Flash 文档。Future Splash 是一种小的图形软件，在生成压缩的基于矢量的图形和动画方面拥有令人惊叹的能力。

1996 年 11 月，美国 Macromedia 公司收购了 Future Splash，并将其改名为 Flash，最初的版本是 Flash 2.0。从 Flash 3.0 开始，Macromedia 公司加大了对它的宣传力度，Flash 与同时推出的 Dreamweaver 2.0，Fireworks 2.0 一起被 Macromedia 公司命名为"网页制作三剑客"。很快，它们在 Web 界好评如潮并荣获当年众多的国际奖项。之后，Macromedia 公司又陆续推出了 Flash 4.0、Flash 5.0、Flash MX 2004，直至 2005 年 8 月 Macromedia 公司再度重拳出击——Flash Professional 8 横空出世，这次软件升级带来了更多的惊喜，不是 MX 版本升级到 MX 2004 那么简单，而是实现了新的突破。

2005 年 12 月 Macromedia 公司被 Adobe 公司收购，Flash 也就成了 Adobe 旗下的软件（Macromedia 最后一个 Flash 版本为 Flash 8，Adobe 收购后发布的第一个版本为 Flash CS）。Adobe 公司继续对 Flash 进行了后续开发，陆续推出了 Flash CS3、Flash CS4、Flash CS5、Flash CS5.5 等。事实证明，目

前还没有哪个网页制作软件像 Flash 一样，能够既容易又出色地创作出一个高效、全屏并具有交互式动画效果的网页。Flash 的用户界面被重新设计，用户在使用它时倍感舒适。Flash 的优越性使之成为绝大多数专业设计师喜欢的创作工具之一。

无论是创建动画、广告、短片或是制作 Flash Web 站点，Flash 都是最佳选择，因此它是目前较专业的网络矢量动画软件。现在 Flash 发展到了最新的 Adobe Flash Professional CS6（简称 Flash CS6）版本，如图 1-1 所示，与以前的版本相比，它具有更强大的功能和灵活性。

图 1-1　Adobe Flash Professional CS6

二、Flash 的应用

Flash 可跨平台操作，具有强大的多媒体与交互功能，因此在互联网中得到了广泛的推广与应用。在现阶段，Flash 的应用主要有以下几个方面。

1. 网络贺卡

利用 Flash 制作的网络贺卡，如图 1-2 和图 1-3 所示，不但图文并茂，而且可以伴有背景音乐，是目前网络中比较流行的一种贺卡形式。

图 1-2　心情贺卡 　　　　　　　　　　　　　　图 1-3　新年贺卡

2. 网络动画短片

网络动画短片是当前极火爆，也是"闪客"们最热衷运用 Flash 的一个领域，人们利用 Flash 制作各种风格的动画短片，以供娱乐。在国内相继涌现出了许多出色的全 Flash 作品：网络著名的搞笑动画《大话三国》，如图 1-4 所示；卜桦的版画风格作品《猫》，如图 1-5 所示；本书后文将提到的范例《龙子太郎》，如图 1-6 和图 1-7 所示。

3. 教学课件

教学课件是以 Flash 动画的形式传达教学讲述的内容，能交互式地演示，如图 1-8 和图 1-9 所示。

4. 交互相册

或许你见到过用 PowerPoint 或 Authorware 制作的电子相册，而使用 Flash 的交互特性来展示相片，能更容易地实现更炫酷的动画效果，如图 1-10 和图 1-11 所示。

图 1-4　《大话三国》

图 1-5　《猫》

图 1-6　《龙子太郎》一

图 1-7　《龙子太郎》二

图 1-8　数学课件

图 1-9　物理课件

图 1-10 《我的家乡》　　　　　　　　　图 1-11 《风景如画》

5. 网络游戏

利用 Flash 中的 ActionScript 脚本语言功能，可以制作出简单有趣的 Flash 小游戏，如图 1-12 和图 1-13 所示。很多大公司把网络广告与网络游戏结合起来，让受众参与其中，大大增强了广告效果。

6. 网络广告

除此之外，各大网站上精彩炫目的广告，也是 Flash 主要的应用领域之一，图 1-14 所示为网络上常见的横幅广告条。

图 1-12 小游戏《黄金矿工》　　　　　　图 1-13 小游戏《填色》

图 1-14 横幅广告条

7. 网站主页及个人网站

为了具有一定的视觉冲击力，企业往往在浏览者进入主页之前播放一段进站动画，或者整个网站都用 Flash 动画来实现，这样的网站交互性很强，内容丰富绚丽，十分个性化，如图 1-15 所示。

图 1-15　网站主页

其实 Flash 还有很多应用上面没有提到，作为一种功能强大的网络动画开发工具，Flash 得到越来越广泛的应用。

三、Flash 的特点

Flash 之所以能够在互联网上得到广泛的应用，除了是因为它简单易学、操作方便，还是因为它具有以下几个特点。

Flash 的图像质量高，因为它的图形系统是基于矢量的，采用了矢量技术，矢量图采用数学方式描述绘制在屏幕上的图形，即使多倍放大矢量图，也只是改变了数学式里的某些数值，图像都不会失真，如图 1-16 和图 1-17 所示。另外，Flash 的矢量图占用的存储空间同位图相比具有更明显的优势，生成的文件体积非常小，适合应用于互联网。

图 1-16　缩小后的图形　　　　　　　　　　　　　图 1-17　放大后的图形

Flash 具有极其灵巧的图形绘制功能，能导入专业级绘图工具（如 FreeHand、Illustrator）绘制的矢量图形，并产生翻转、拉伸、擦除、倾斜等效果，还可以将图形分离成许多单一的元素进行编辑。

Flash 能非常容易地创建物体的补间动画，其效果完全由 Flash 自动生成，无须人为地在两个动画对象之间插入关键帧。

Flash 支持对媒体元素的编辑，可以导入点阵图、声音和视频元素并对其进行编辑。

Flash 使用插件的工作方式，用户只要在浏览器端安装一次插件，以后就可以快速启动并观看动画。

Flash 采用流式技术播放动画，动画在下载传输的过程中即可播放，这大大减少了用户在浏览器端等待的时间，因此 Flash 动画非常适合在网络上传输。

Flash 具有强大的交互性，这一特性可以让动画的欣赏者更容易参与到动画当中。

Flash 具有强大的脚本编辑功能，使用 Flash 自带的 ActionScript 脚本语言功能给网页设计创造了几乎无限的创意空间，可以制作互动课件、互动游戏以及功能强大的电子商务网站。Flash CS6 具备了更完整的 ActionScript 程序语言构架，当然，这也意味着学习者必须具备一定的程序编写经验，才可以真正得心应手地完成开发。

第二节　Flash 操作环境

操作环境是指进入软件后的整个操作界面，包括菜单、工作面板以及各种辅助工具等，学习软件的第一步就是熟悉它的操作环境。启动 Flash CS6，进入主界面，曾经使用过 Flash 其他版本的用户可能会对 Adobe Flash Professional CS6 操作界面感到陌生又熟悉，该版本在界面上做了很大的改动。具体来说，这个界面更具有亲和力，布局更加合理，设计更加人性化，功能上有很大改进，操作和使用也比以前方便。Flash CS6 不但简化了编辑过程，还为用户提供了更大的自由发挥的空间。Flash CS6 的典型界面如图 1-18 所示。

图 1-18　Flash CS6 的典型界面

一、菜单栏

Flash CS6 的界面窗口也采用了典型 Windows 窗口设计——菜单栏位于标题栏的下方，提供了几乎所有的 Flash CS6 的命令。菜单栏中共有 11 个菜单，分别为"文件"、"编辑"、"视图"、"插入"、"修改"、"文本"、"命令"、"控制"、"调试"、"窗口"和"帮助"，每一个菜单中都包括若干二级菜单命令，如图 1-19 所示。

图 1-19　菜单栏

二级菜单名称后面的按键组合为该命令的快捷键，另外，菜单命令也可以利用"Alt"键加方向键或加菜单命令名称后的字母进行选择。

二、时间轴

时间轴用于组织和控制文档内容在一定时间内播放的图层数和帧数。图层就像堆叠在一起的多张幻灯胶片一样，每个图层中都排放着自己的对象，好比小时候看的卡通影片，放映者都是事先安排好一帧一帧的连续动作的图片，然后让它们连续播放，利用人眼睛的视觉暂留特性，在观者大脑中便形成了动画效果。Flash 动画的制作原理也一样，它是把绘制出来的对象放到一格格的帧中，然后再来播放。时间轴面板如

图 1-20 所示。

图 1-20　时间轴面板

三、工具箱

工具箱位于界面的右侧，包括绘图工具、查看工具、颜色工具及选项工具，这里集中了一些编辑过程中常用的命令，如图形的绘制、修改、移动、缩放等操作，都可以在这里找到合适的工具来完成，从而大大提高编辑工作的效率。

工具箱有如下特点。

（1）工具箱包括绘图、颜色和选项工具，等等。

（2）查看工具部分包括在工作区窗口内进行缩放和移动操作的工具。

（3）颜色工具部分包括用于笔触颜色和填充颜色的按钮。

（4）选项工具部分显示了选定工具的功能设置按钮，这些按钮会影响工具的涂色或编辑操作，选择的工具不同，选项也自然不同。比如，选中刷子工具后，选项中可供选择的有刷子的大小、形状等。每个工具的使用方法会在第二章详细讲解。

四、场景

这里所说的场景是指工作区域，也就是画布以及其下的时间轴，如图 1-21 所示。通过场景面板可将多个场景按一定的顺序排列在一起进行播放，就像拍电影一样将不同地点不同时间拍摄的胶片剪接起来。场景面板如图 1-22 所示。每个场景都会包含自己的时间轴和元件，也可以与其他场景共用元件。

> 提示：场景面板中所示的场景排列顺序也就是它们在动画播放中的先后顺序。

可以在不同场景编辑环境之间进行切换，如图 1-23 所示，也可以通过单击面板中的场景名进行切换。单击工作区域右上方的编辑场景按钮，能迅速进入某一元件的编辑环境，如图 1-24 所示。

图 1-21　工作区域

图 1-22　场景面板

图 1-23　切换场景编辑环境

图 1-24　元件编辑环境

在场景面板中选择某一场景，然后单击面板右下角的重制场景按钮，可重制场景，如图 1-25 所示，也可以单击添加场景按钮为影片添加新建场景，如图 1-26 所示。

双击场景名可为场景重命名，如图 1-27 所示，还能按住鼠标左键拖动某一场景来调节场景在影片中的播放顺序，如图 1-28 所示。选中场景单击删除场景按钮，能将选中的场景删除。

此外，通过工作区域右上方的视图缩放比率的下拉列表，可选择查看画布及其上面对象的比率，如图 1-29 和图 1-30 所示分别对应 40% 和 100% 的缩放比率。

图 1-25　重制场景

图 1-26　添加新建场景

图 1-27　重命名场景

图 1-28　调整场景播放顺序

图 1-29　40% 的缩放比率

图 1-30　100% 的缩放比率

五、面板与自定义操作环境

Flash CS6 加强了对面板的管理，把所有面板都嵌入一个面板集。利用面板集可以对应用程序的面板布局进行排列，来适应工作的需要。面板集中集合了一些同类或相似的命令，比如对齐面板，如图 1-31 所示，它集成了"修改"→"对齐"菜单下的所有命令。但是面板中有些操作也是命令不可替代的，比如脚本命令就只能在动作面板中进行添加。动作面板如图 1-32 所示。

运行软件时，所有的面板都是整合在一起的，但有时为了使用方便，用户可按自己的喜好来组合面板。打开可移动的整合面板，如图 1-33 所示，按住需要独立的单个面板标签，往外拖曳至任何地方即可生成单个项目面板，如图 1-34 所示。反之，若想将单个项目面板整合，按住单个项目面板标签，然后再拖曳至要整合的面板中即可。

如果打开的面板太多，用户会觉得空间不够，可以单击面板的标题栏，暂时将不用的面板折叠起来。面板折叠后只显示标题栏，且标题栏左侧向下的箭头变成向右。所谓自定义面板是将常用的面板进行组合或重新排列位置后，执行"窗口"→"工作区"→"新建工作区"命令，在弹出的"新建工作区"对话框（见图 1-35）中为新布局起一个名字进行保存，如果不小心把布局弄乱，在"窗口"→"工作区"菜单下找到用户命名的新布局，单击该新布局名即可马上切换到自定义的操作环境。

图 1-31　对齐面板　　　　　　　　　　　图 1-32　动作面板

图 1-33　打开整合面板　　　　　　　　　图 1-34　单个项目面板

图1-35 "新建工作区"对话框

✏️ (实训一)

实训名称：理解Flash网络设计的概念。

实训目的：通过理解Flash网络设计的基本知识，学生能初步理解Flash设计在网络生存与发展中的潜在功能与作用。

实训内容：分小组讨论自己所理解的Flash网络设计，并对三个问题展开讨论，即Flash是什么、Flash能做什么、为什么要学习Flash，并将小组讨论的结果编写成文字报告交任课教师点评。

实训要求：尝试用自己的观点来进行表述。

实训步骤：分组，进行个人分析，再进行小组讨论，归纳同学的讨论发言，编写成文字报告。可辅以商业实例，首先欣赏实例作品，然后再对其进行分析，表述自己的观点。

实训向导：将讨论的重点放在学习Flash的目的上，通过具体商业实例来阐述观点。

✏️ (实训二)

实训名称：熟悉Flash的操作环境。

实训目的：通过对Flash操作界面进行了解，学生能对Flash的操作环境有一个初步印象，并能与之前所学的Photoshop进行比较。

实训内容：用自己的语言表述Flash界面中每一部分的功能与作用，并编写成文字报告交教师点评。

实训要求：Flash主界面中每一板块之间是相互联系的，必须作为一个整体进行表述。

实训步骤：进行个人分析，编写成文字报告。

实训向导：在表述时，与其他熟悉的软件工具进行对比，比如Photoshop，则更具有说服力。

第二章
Flash 绘图设计

✎ 〔任务概述〕

通过绘图实例的设计制作，读者可了解 Flash 绘图的要点，掌握 Flash 绘图工具的运用方法与技巧，并学会图层与帧、元件、实例、库的创建与编辑。

✎ 〔能力目标〕

对 Flash 绘图技巧有一定的掌握，为后续的 Flash 动态设计奠定基础。

✎ 〔知识目标〕

了解 Flash 绘图的要点，掌握 Flash 绘图技巧与方法。学会灵活使用绘图工具来绘制所需要的形象。

✎ 〔素质目标〕

具备独立设计制作的能力。

第一节　Flash 绘图概述

绘图是动画创建的基础，没有了图形对象，动画创作就成了无源之水。好的 Flash 作品离不开生动的背景和惟妙惟肖的角色，要创建精彩的动画，必须先掌握如何创建精彩的图形对象，不仅要学会绘图工具的使用以及图形的编辑，更重要的是要灵活运用各种工具来绘制需要的形象。

一、认识工具面板

Flash 界面最右边是工具箱，即工具面板，如图 2-1 所示，包括了 Flash 所有的绘图工具和选项工具。绘图工具箱上半部分是绘图和选取工具，下半部分是每个工具的附属选项按钮。在 Flash 中，不仅可以绘制线条及椭圆、矩形等基本图形，设置其笔触的样式，还可以使用颜色填充工具对已绘制的图形进行颜色填充或调整，利用 Flash 提供的各种绘图工具，可以方便而快捷地绘制出想要的图形，并对其进行加工和修饰。

图 2-1　Flash 工具面板

二、矢量图与位图

Flash 是一款矢量动画软件，在学习 Flash 绘图之前，必须先了解位图和矢量图的区别。

（1）位图又称点阵图像，是由许多的点（像素）组成的，位图的显示质量与分辨率有关，位图放大后则变模糊，如图 2-2 所示。

（2）矢量图又称向量图像，是以数学的向量方式来记录图像的，包括线条的起止位置、线型等，矢量图与分辨率无关，矢量图放大后始终保持清晰，如图 2-3 所示。

图 2-2　位图放大后变模糊

图 2-3　矢量图放大后仍保持清晰

第二节　绘图设计

一、绘图设计案例分析

本例是绘制图形组合画面，画面内容由卡通动物和花卉组成，在绘制的过程中既要把握造型的整体感，也要注重画面构图、色彩搭配的变化。制作流程及效果如图 2-4 所示。

图 2-4　本例制作流程及效果

首先，在"舞台"中适当的位置绘制背景，注意层次变化；然后，绘制本例的角色——卡通狗；接着，绘制栅栏、花丛；最后，给画面添加适当文字说明。

二、操作步骤

（1）执行"文件"→"新建"命令，打开"新建文档"对话框，如图 2-5 所示。选择"ActionScript 3.0"

或"ActionScript 2.0"，单击"确定"，按"Ctrl+S"组合键对文件进行保存，名字设为"绘图"。

（2）在"舞台"中单击右键打开快捷菜单选择"文档设置"，在弹出的图 2-6 所示的"文档设置"对话框中，分别将尺寸的参数设置为"宽度"为 800 px，"高度"为 600 px，其他选项均使用默认，单击"确定"按钮。

（3）将"图层 1"重新命名为"地面"，选择工具箱中的刷子工具 ，再对工具箱下方图 2-7 所示的刷子模式 、刷子大小 选项进行设置。比如，刷子模式就有五个不同的选项，如图 2-8 所示。

（4）刷子工具 的属性设置好后，在"舞台"中绘制浅绿色（#EFFFD9）草地图形，如图 2-9 所示。

（5）执行"窗口"→"颜色"命令，打开颜色面板重新设置刷子的颜色（#CCFFD9），如图 2-10 所示，接着在"舞台"中绘制图 2-11 所示的图形。

图 2-5　"新建文档"对话框

图 2-6　在"文档设置"对话框中进行参数设置

图 2-7　刷子工具选项

图 2-8　刷子模式选项

图 2-9　在"舞台"中绘制草地图形

图 2-10　重新设置刷子颜色

图 2-11　绘制草地层次

（6）将图层"地面"隐藏，新建名为"动物"的图层，如图 2-12 所示，接着在"舞台"中绘制动物的轮廓线。单击工具箱中的钢笔工具按钮，在"舞台"中绘制图 2-13 所示的线条，先绘制长线条，再绘制短线条。

图 2-12　新建"动物"图层

图 2-13　绘制动物的轮廓线

提示：使用钢笔工具在"舞台"内进行单击可产生一个节点，连续单击可以使线条组成几何图形，在角色造型的绘制中，钢笔工具有很重要的作用。

（7）为了进一步使线条变得圆润平滑，单击工具箱中的部分选取工具按钮，双击"舞台"内的线条，选择图 2-14 所示的节点对轮廓线进行调整。调整之后的线条效果如图 2-15 所示。

（8）绘制动物的头发。单击工具箱中的线条工具按钮，在"舞台"内绘制图 2-16 所示的线条。单击工具箱中的选择工具按钮对"舞台"内的线条进行拖放，将其修改为曲线，如图 2-17 所示。

图 2-14　调整轮廓线　　图 2-15　调整后效果　　　　图 2-16　绘制直线　　　图 2-17　修改直线为曲线

提示：单击选择工具按钮后将光标移至直线中间的位置，可以将直线拖放为曲线，将光标移至线的两端拖动，可以改变端点的位置。

（9）用同样的方法使用工具箱中的线条工具配合选择工具绘制动物的眉毛和额头，如图 2-18 所示。单击工具箱中的椭圆工具按钮，在工具栏的选项中设置填充色为，如图 2-19 所示。

（10）绘制动物的眼睛，在"舞台"中图 2-20 所示的位置绘制两个有重叠部分的椭圆，并删除重叠部分的线条，接着再画两个小圆形，单击工具箱中的颜料桶工具按钮将小圆形填充为黑色。使用线条工具和部分选取工具绘制眼睛下方的线条，效果如图 2-21 所示。

（11）用同样的方法，单击工具箱中的钢笔工具按钮配合部分选取工具绘制动物的身体部分，效果如图 2-22 所示。

（12）单击颜料桶工具按钮，移动鼠标到绘制好的轮廓线内，单击鼠标左键给卡通动物主体填充黄色（#FFFF00），并给其他局部填充相应的颜色，效果如图 2-23 所示。但应在填充前确定线条轮廓是否完全封闭，因为颜料桶工具在默认情况下只对完全封闭的图形进行填充。

（13）单击工具箱中的线条工具按钮在"舞台"内绘制表现动物暗部的轮廓线，接着使用选择工

具 ![]对 "舞台" 内的线条进行拖放，效果如图 2-24 所示。

（14）单击颜料桶工具按钮 ![]，移动鼠标到刚绘制好的暗部，单击鼠标左键给卡通动物暗部填充深黄色（#FFD611），单击选择工具按钮 ![]选择刚刚绘制的轮廓线，按键盘上的 "Delete" 键，将选中的部分删除，效果如图 2-25 所示。

（15）为了使所绘图形更有层次感和立体感，我们继续用线条工具 ![]配合选择工具 ![]绘制高光部分，并按键盘上的 "Delete" 键，将轮廓线删除，效果如图 2-26 所示。

（16）新建一个名为 "花" 的图层，如图 2-27 所示。使用工具箱中的钢笔工具 ![]配合部分选取工具 ![]绘制花朵的轮廓线，使用线条工具 ![]配合选择工具 ![]绘制枝干部分轮廓线，效果如图 2-28 所示。

图 2-18　绘制动物的眉毛和额头　图 2-19　无填充设置　　图 2-20　绘制眼睛　　　图 2-21　绘制眼睛下方的线条

图 2-22　绘制动物的身体部分　　　　　　　　　　　图 2-23　填充颜色

图 2-24　勾画阴影部分轮廓线　图 2-25　填充阴影部分色彩并删除　　　图 2-26　绘制高光部分
　　　　　　　　　　　　　　　　　　不需要的轮廓线

图 2-27　新建 "花" 图层　　　　　　　　　图 2-28　绘制花朵和枝干轮廓线

Flash网络设计与制作（第二版）

（17）画面中图形效果的处理手法应该保持一致，使用相同的方法绘制花朵和枝干的暗部与高光部分的轮廓线，如图 2-29 所示。填充如图 2-30 所示的颜色。

> 提示：连续双击右键，可以同时选择更多的轮廓线。

（18）删除花朵和枝干暗部与高光部分的轮廓线，然后新建名为"栅栏"的图层，使用线条工具◥配合选择工具▶绘制栅栏及其暗部、高光部分的轮廓线，效果如图 2-31 所示。

（19）使用颜料桶工具◢进行不同颜色的填充，然后删除栅栏暗部与高光部分的轮廓线，效果如图 2-32 所示。图形部分全部处理完毕。

（20）新建一个名为"文字"的图层，单击工具箱中的文本工具按钮T在图 2-33 所示的位置输入静态文本，字体颜色设置为黑色。

（21）对刚刚输入的文本进行复制。使用选择工具▶单击静态文本，然后按下"Ctrl+C"组合键对其进行复制，再按下"Ctrl+V"键对其进行粘贴，并调整文本的位置，如图 2-34 所示。

图 2-29　绘制花朵和枝干的暗部与高光部分的轮廓线

图 2-30　填充花朵和枝干的色彩

图 2-31　绘制栅栏的轮廓线

图 2-32　填充栅栏的色彩

图 2-33　输入文本

图 2-34　复制文本

（22）执行"修改"→"变形"→"垂直翻转"命令，将复制出的文本进行翻转处理，然后单击任意变形工具按钮▦对文本进行水平倾斜变形，如图 2-35 所示。

（23）将翻转的文本的颜色修改为浅灰色（#CCCCCC），按下"Shift"键，同时使用线条工具◥在两个文本之间绘制一条黑色的水平线，文本倒影效果如图 2-36 所示。

（24）按"Ctrl+S"组合键对文件进行保存，文件名字设为"绘图1"，最后我们可以发布动画进行测试，最终效果如图 2-37 所示。

图 2-35 翻转文本并进行水平倾斜变形

我喜欢种花，虽然种花很累，但我每天都有一份好心情。

图 2-36 文本倒影效果

我喜欢种花，虽然种花很累，但我每天都有一份好心情。

图 2-37 最终效果

[知识链接] 图层与帧

1. 图层的学习

Flash 与其他图形图像编辑软件一样也有图层的概念。创建新文档时，默认状态只有一个图层，可以通过添加新图层来组织动画中的形象、动画元素和其他对象。每个图层都包含一些"舞台"中的动画元素（包括声音或 action 指令语句），上面图层中的元素遮盖下面图层中的元素。

图层区的最上面有三个图标。👁用来控制图层中的元件是否可视；🔒像一把小锁，单击后该图层被锁定，图层中的所有的元素不能被编辑；□是轮廓线，单击后图层中的元件只显示轮廓线，填充将被隐藏，这样方便编辑图层中的元件。

图层之间可以随意拖动位置互换，图 2-38 所示为时间轴面板内的图层编辑区。

2. 图层的类型

图层文件夹▽📁：组织动画序列的组件和分离动画对象，有两种状态，▽📁是打开时的状态，▷📁是关闭时的状态。

引导层✏：起到辅助静态对象定位的作用，无须关联被引导层就可以单独使用，引导层上的内容不会被输出，和辅助线差不多。

　　传统引导层 ：使被引导层中的元件沿引导线运动，该层下的图层为被引导层。

　　遮罩层 ■：使被遮罩层中的动画元素只能透过遮罩层被看到，该层下的图层就是被遮罩层 ■。

　　普通图层 □：可放置各种动画元素。

　　图层类型如图2-39所示。

3．帧的类型

　　Flash动画是通过连续播放一系列静止画面，给视觉造成连续变化的动画效果，基本原理与电影、电视等一样。在Flash中，一个静态画面就叫作一帧，显示在时间轴面板中，所形成的动画就是以时间帧为基础的动画。帧是Flash动画中最小时间单位里出现的画面，所以帧的多与少也就是衡量动画长度的参考标准，而帧播放的速度也就是动画的播放速度。

　　Flash中帧分为普通帧、关键帧和空白关键帧三种。

　　普通帧：也叫一般帧，显示为一个个的单元格。无内容的帧是空白的单元格，有内容的帧显示出一定的颜色。不同的颜色代表不同类型的动画，如传统补间动画的帧显示为浅紫色，形状补间动画的帧显示为浅绿色，如图2-40所示。

　　关键帧：定义了动画的变化环节，在时间轴中关键帧显示为实心的圆，如图2-40所示，制作逐帧动画时，每一帧都是关键帧。传统补间动画是在动画的重要点上创建关键帧，再由Flash自己创建关键帧之间的内容。

　　空白关键帧："舞台"内没有任何动画元素的关键帧，它在时间轴中的显示为空心圆，如图2-41所示。

图2-38　图层编辑区

图2-39　图层类型

图2-40　普通帧与关键帧

图2-41　空白关键帧

4．帧的内容

　　时间轴好比导演工作台，画布相当于舞台，还要有"演员"才能演出一幕有声有色的"舞台剧"，在场景中的动画元素就是演员，一般常用的有矢量图、位图、文字对象、声音对象几种，还包括按钮、影片剪辑、图形这三大元件，以及动作脚本语句。

动作脚本是 Flash 的脚本撰写语言，利用它用户能随心所欲地创建影片，实现场景之间的跳转，指定和定义实例的各种动作等。动作脚本语句可添加在时间帧、实例、按钮上。如果添加在时间帧上，在时间轴面板的相应帧上，会出现一个"a"字，如图 2-42 所示。

图 2-42　添加动作脚本语句后时间帧上的标记

添加动作脚本语句的方法：先选择添加的对象，然后在动作面板中进行定义。以上只是对帧内容的简单介绍，更详细的讲解和应用请参阅本书的其他相关章节。

第三节　图形制作

一、绘图工具的使用

1. 直线

直线是 Flash 中最简单的工具，用鼠标单击线条工具按钮，移动鼠标到"舞台"上，按住鼠标并拖动，松开鼠标，一条直线就画好了。用直线能画出许多风格各异的图形来，打开属性面板，可以设置直线的颜色、粗细和样式等，如图 2-43 所示。

在属性面板中，单击其中的笔触颜色按钮，会弹出一个调色板，此时鼠标变成滴管状。可用滴管直接拾取颜色或者在文本框里直接输入颜色的十六进制数值，十六进制数值以 # 开头，如"#FF0099"，如图 2-44 所示。

图 2-43　直线属性设置

图 2-44　调色板

要画各种不同的直线，可单击属性面板中的"样式"后的下拉箭头，会出现一个笔触样式下拉列表，如图 2-45 所示。为了方便观察，可把线的粗细设置为"3"，再选择不同的线型和颜色。设置不同笔触样式后画出的线条如图 2-46 所示。

2. 椭圆

选择绘图工具栏的椭圆工具 ⬭ 直接在"舞台"上拖动，就能够绘制标准的椭圆。按住"Shift"功能键的同时拖动鼠标，将得到一个正圆。椭圆或正圆边框的线型、宽度与颜色是由属性面板中的设置决定的。通过颜色面板的设置改变可填充椭圆或正圆的边框及填充的颜色。

绘制椭圆的方法非常简单，选择绘图工具栏的椭圆工具 ⬭ 之后，在"舞台"上拖动鼠标，确定椭圆的大致轮廓之后，释放鼠标，规定长度与宽度的椭圆将显示在屏幕上。为了设置椭圆的边框属性，用户可打开属性面板，改变它的线型、宽度与颜色。

选择"窗口"→"属性"命令，打开属性面板；确定椭圆的边框属性之后，选择绘图工具栏的椭圆工具按钮，在"舞台"上拖动鼠标，确定椭圆的长半轴与短半轴，释放鼠标，这样椭圆就画好了。如果图形之间互相重叠，那么重叠部分将被覆盖。图形的重叠与切割如图 2-47 所示。如果使用颜色进行填充，那么重叠区域的下方将是不可见的。

图 2-45　笔触样式下拉列表　　　　　　图 2-46　不同笔触样式效果

图 2-47　图形的重叠与切割

3. 矩形

绘制矩形的方法与绘制椭圆形非常相似，通过属性面板的设置，可改变矩形边框的颜色、宽度与线型。通过颜色面板的设置，可决定是否对矩形进行填充以及填充的模式。按住"Shift"功能键时，将在"舞台"上得到正方形。

在属性面板中，确定矩形边框的颜色、线型与宽度，选择"窗口"→"颜色"菜单命令，打开颜色面板，确定矩形的填充模式，然后单击绘图工具栏的矩形工具按钮 ▭，在"舞台"上确定矩形的外部轮廓，释放鼠标。

4. 铅笔

点击（无特殊说明即指单击，后文同）工具栏的铅笔工具按钮 ，在工具箱底部选择绘制模式，如图 2-48 所示。

伸直模式：线条会转换成接近形状的直线。

平滑模式：线条会转换成接近形状的平滑曲线。

墨水模式：不加修饰，完全保持鼠标轨迹的形状。

三种模式所画的线条如图 2-49 所示。

二、填充属性

1. 填充变形工具

填充变形工具是对填充色进行移动、旋转与缩放的工具。

先画一个矩形，用选择工具选择该矩形。点击填充色设置按钮，并从中选择"线性渐变"，在工具栏中单击任意变形工具 右下角的小三角图标，选择渐变变形工具 ，则矩形周围会出现两个修改手柄。拖动方形修改手柄，可以调整填充色的渐变范围，如图 2-50 所示。拖动右上角的圆形旋转手柄，可调整色彩的渐变填充方向，如图 2-51 所示；将鼠标移动到矩形中心的空心圆上，鼠标变为带四个箭头的移动柄，移动它可以改变渐变色的填充位置，如图 2-52 所示。

工具绘制　　　　　　　　伸直模式　　　　　　平滑模式　　　　　　墨水模式

图 2-48　铅笔工具绘制模式　　　　　　图 2-49　不同模式的线条效果

图 2-50　控制渐变范围　　　　图 2-51　调整渐变填充方向　　　图 2-52　修改渐变色的填充位置

2. 实例制作——绘制花朵

（1）执行"文件"→"新建"命令，打开"新建文档"对话框，单击"确定"，按"Ctrl+S"组合键对文件进行保存，名字为"绘图 2"。执行"插入"→"新建元件"命令，弹出"创建新元件"对话框，输入元件名称"花瓣"，选择"类型"为"图形"，单击"确定"按钮，如图 2-53 所示。

（2）进入"花瓣"元件的编辑状态，单击椭圆工具按钮 ，填充颜色设置 为无 ，在"舞台"中绘制出一个椭圆形，如图 2-54 所示。

（3）将鼠标移至椭圆形的边缘，鼠标下方会出现一条弧线，如图 2-55 所示，单击选择工具 对椭圆形进行形状调整，调整成图2-56所示的花瓣形状。

（4）执行"窗口"→"颜色"命令，在颜色面板中选择填充类型为线性渐变，然后点击颜色条下方按钮 ，设置花瓣颜色为大红 (#FF0066) 到浅红 (#FFDFDF) 的渐变，如图2-57所示。给"舞台"中的花瓣从下至上拉出渐变颜色，然后删除外框线条，如图2-58所示。

（5）执行"插入"→"新建元件"命令，弹出"创建新元件"对话框，输入元件名称"花朵"，选择"类型"为"图形"，单击"确定"按钮，如图2-59所示。

（6）进入"花朵"元件的编辑状态，将刚刚绘制好的"花瓣"元件从库面板拖放到场景中，然后用任意变形工具 将这个图形实例的中心点移动到花瓣图形的下端，如图2-60所示。

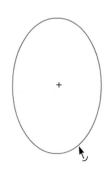

图 2-53　新建"花瓣"元件　　　　　　　　　　　　　　　图 2-54　绘制椭圆

图 2-55　形状调整　　图 2-56　调整后的效果　　图 2-57　颜色面板参数设置　　图 2-58　花瓣填充渐变颜色并删除线条

图 2-59　新建"花朵"元件　　　　　　　　　　　　　　　图 2-60　调整元件中心点

（7）保持场景中的"花瓣"元件处于激活状态，执行"窗口"→"变形"命令，弹出变形面板，在变形面板中，设置"旋转"为72°，如图2-61所示。

（8）单击复制并应用变形按钮 ，这时原来的花瓣旁边出现了一个同样的花瓣图形，接着再单击复

制并应用变形按钮 🔛 3 次，花朵就制作好了，如图 2-62 所示。如果对花瓣形状不太满意，可以随时对"花瓣"元件进行调整，花朵形状会随之而发生变化。

> 提示：拖入"舞台"中的"花瓣"元件要保证在变形面板中的比例为 100%，不要改变其大小，否则在单击复制并应用变形按钮 🔛 时，复制出来的元素就会大小不一。

3. 实例制作——绘制小鸭

（1）新建一个名为"小鸭"的图形元件，进入"小鸭"元件的编辑状态，单击椭圆工具按钮 🔘，设置填充颜色 🎨 为无 ▢，绘制出一个椭圆形，作为小鸭的身体，接着在椭圆形右上方再绘制出一个圆形，作为小鸭的头部，如图 2-63 所示。

（2）单击椭圆工具按钮 🔘 在小鸭尾部和头部各画一小圆圈作为鸭嘴和鸭翅膀，用选择工具 ▶ 调整形状，如图 2-64 所示。

（3）执行"窗口"→"颜色"命令，在颜色面板中选择径向渐变，然后点击颜色条下方按钮 🎨，设置颜色从亮黄（#FDFC62）到橙色（#F99D06）渐变，效果如图 2-65 所示。

（4）单击工具箱中的颜料桶工具按钮 🎨，分别填充小鸭身体、头部和尾部，如图 2-66 所示。

（5）在颜色面板上重新设置填充颜色。选取径向渐变，然后点击颜色条下方按钮 🎨，设定渐变颜色从黄色（#FFCC00）到浅褐色（#F38C30）、深褐色（#A0590A）变化，如图 2-67 所示。单击工具箱中的颜料桶工具按钮 🎨 填充鸭嘴，并用渐变变形工具 🔲 调整至图 2-68 所示的效果。

（6）删除小鸭的轮廓线，单击刷子工具按钮 🖌️，选择合适大小的笔刷，填充色设为黑色，给小鸭点上眼睛，如图 2-69 所示。

图 2-61　变形面板参数设置

图 2-62　制作出完整的花朵

图 2-63　画小鸭的结构

图 2-64　画鸭嘴和鸭翅膀

图 2-65　设置颜色

图 2-66　填充渐变色

图 2-67　设置渐变色

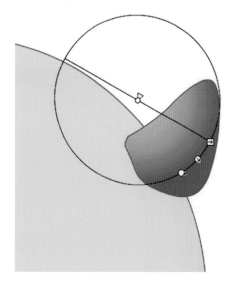

图 2-68　调整渐变色

✏️ [知识链接] 元件、实例和库

1. 元件的类型

元件犹如舞台上的基本演员，在 Flash 中，元件的类型有"图形"、"按钮"和"影片剪辑"三种，它们是组成 Flash 动画的关键帧元素。元件保存于库中，能够重复使用，不同元件有不同的作用与特定的使用时段。

图形元件好比群众演员，可用于静态图像，并可用来创建连接到主时间轴的可重用动画片段。图形元件与主时间轴同步运行。但交互式控件和声音在图形元件的动画序列中不起作用。

图 2-69　点画眼睛

按钮元件是个"特别演员"，利用它能实现交互动画。使用按钮元件可以创建响应鼠标点击、滑过或其他动作的交互式按钮，能定义与各种按钮状态关联的图形，然后将动作指定给按钮实例。

影片剪辑元件是个"万能演员"，它能创建出丰富的动画效果，能使"导演"的灵感变为现实。影片剪辑元件可以创建可重用的动画片段，拥有自身的独立于主时间轴的多帧时间轴。可以将影片剪辑元件的时间轴看作是主时间轴内的嵌套时间轴，它们可以包含交互式控件、声音甚至其他影片剪辑实例；也可以将影片剪辑实例放在按钮元件的时间轴内，以创建动画按钮。

2. 创建元件

1）创建图形元件

创建图形元件的元素可以是导入的位图、矢量图、文本对象以及用 Flash 工具创建的线条、色块等。

选择"舞台"中的对象元素，按键盘上的"F8"键，弹出"转换为元件"对话框，在"名称"处输入元件的名称，在"类型"处选择"图形"，单击"确定"按钮。这时，在库中生成相应元件，如图 2-70 所示。图形元件中可包含图形元素或者其他图形元件，它接受 Flash 中大部分变化操作，如大小、位置、方向、颜色设置以及动作变形等。

2）创建按钮元件

创建按钮元件的元素可以是导入的位图、矢量图、文本对象以及用 Flash 工具创建的任何图形，选择要转换为按钮元件的对象，按快捷键"F8"，弹出"转换为元件"对话框，在"类型"中选择"按钮"，如图 2-71 所示，单击"确定"按钮，即可完成按钮元件的创建。

按钮元件拥有图形元件的全部变形功能，其特殊性在于它具有 3 个状态帧和 1 个有效区帧。3 个状态帧分别是"一般"、"鼠标经过"和"按下"。在这 3 个状态帧中，可以放置除了按钮元件本身以外的所有 Flash 对象，利用按钮元件可以对用户的操作做出反应，所以按钮元件是交互动画的"主角"。

图 2-70　图形元件创建

图 2-71　按钮元件创建

3）创建影片剪辑元件

影片剪辑元件就是人们常说的 MC(movie clip) 元件。我们可以把"舞台"上任何可视的对象，甚至整个时间轴内容创建为一个 MC 元件，把这个 MC 元件放置到另一个 MC 元件中，也可以将一段动画转换成影片剪辑元件。创建影片剪辑元件可以相当灵活，而创建过程非常简单，选择"舞台"上需要转换的对象，按快捷键"F8"，弹出"转换为元件"对话框，在"类型"中选择"影片剪辑"即可，如图 2-72 所示，单击"确定"按钮。

3. 实例

沿用上面的比喻，"演员"从"后台"走上"舞台"就是"演出"，同理，元件从库中进入"舞台"就被称为该元件的实例，只是这个比喻与现实中的情况有点不同，元件"演员"从"后台"走上"舞台"时，"后台休息室"中的"演员原型"还会存在，走上"前台"的元件"演员"被称为实例（"替身演员"）。

如图 2-73 所示，从库中把元件 1 向场景拖放 4 次（也可以复制场景上的实例），"舞台"中就有了元件 1 的 4 个实例，分别把各个实例的颜色、方向、大小设置成不同样式，具体操作时可以用不同面板配合使用。

在属性面板中重新设置实例 1 的"宽"、"高"参数，如图 2-74 所示。实例 2 改变了外形及颜色属性，这些属性的改变可以通过变形面板和颜色面板设置，具体设置如图 2-75 所示。同实例 2 一样，实例 3 也在变形面板和颜色面板中进行设置，具体属性值设置如图 2-76 所示。实例 4 的设置情况如图 2-77 所示。

图 2-72　影片剪辑元件创建

图 2-73　元件 1 的 4 个实例

图 2-74　实例 1 的属性设置

图 2-75　实例 2 的属性设置

图 2-76　实例 3 的属性设置　　　　　　　　　图 2-77　实例 4 的属性设置

提示：对于实例的位置、外形、旋转、倾斜等属性的编辑也可以直接用鼠标进行，但利用相关面板可以精确设置属性的数值。

在变形面板的操作中，注意"约束"选项，如果该选项被选中，那么实例的"宽"、"高"将同步改变，另外，"旋转"设置框中为正号是顺时针旋转，而为负号是逆时针旋转。对于实例，我们不仅能改变外形、位置、颜色等属性，还可以通过属性面板改变它们的类型，如图 2-78 所示。

再分别选择 4 个实例，观看它们的属性面板，会发现它们的"身份"始终没变，都是元件 1 的实例。也就是说，一个"演员"的"替身演员"在"舞台"上可以穿上不同服装，扮演不同角色，这是 Flash 的一个极其优秀的特性。

4. 库的管理与使用

库是 Flash 中使用频度极高的面板之一，初始时被安置在面板集中，鉴于它的重要性，建议把库从面板集中取出，将它单独存放于"舞台"上。

打开库的快捷键为"F11"键或者"Ctrl+L"组合键，"F11"键是个开关按钮，重复按下"F11"键能在库窗口的打开、关闭状态中快速切换。库面板上还有库菜单，以及元件的项目列表和编辑按钮，在保存 Flash 源文件时，库的内容同时被保存。库中存放着动画作品的所有元件，合理管理库对动画制作极其重要。

在图 2-79 中，除了元件预览窗、元件项目列表，还有库操作按钮，对应序号解释如下：

图 2-78　实例可改变类型　　　　　　　　　　图 2-79　"库"面板

①拖动它，能够随意地移动库面板，如果库面板包含在面板集中，只有拖动此处才可脱离面板集；

②单击它能将面板折叠起来，再次单击可展开；

③单击它能打开库面板菜单；

④在此输入关键字便可以快速查找到所需要的元件；

⑤单击它，会弹出"添加新元件"对话框，用来新增元件；

⑥单击它能在库中新增文件夹；

⑦单击它能打开元件属性对话框，在对话框中可改变元件的属性；

⑧这是"删除"按钮，单击它能删除被选的元件。

实训三

实训名称：图形绘制。

实训目的：通过学习，学生能掌握 Flash 绘图技巧与方法。

实训内容：请参考图 2-80 和图 2-81 所给出的效果，结合所学的内容进行场景设计制作练习。

实训要求：学会灵活使用绘图工具来绘制所给图例和场景。

实训步骤：创建图层；绘制远景；绘制中景；绘制近景。

实训向导：运用图层与帧、元件进行绘图。

图 2-80　效果演示一

图 2-81　效果演示二

第三章
Flash 网络贺卡设计

✎ 任务概述

通过学习网络贺卡案例的设计制作，读者可了解网络贺卡的特点与设计要领，在实践中掌握如何使用Flash 设计主题突出的网络贺卡，并学会补间动画的创建与声音素材的编辑。

✎ 能力目标

对 Flash 网络贺卡设计知识有一定的掌握，为后续的 Flash 设计奠定坚实的理论基础。

✎ 知识目标

了解 Flash 网络贺卡的特点，掌握网络贺卡的制作技巧和流程，学会灵活使用相关工具及命令制作出网络贺卡所需要的效果，并能融会贯通、举一反三地进行练习。

✎ 素质目标

具备独立设计网络贺卡的能力。

第一节　Flash 网络贺卡设计基础

与传统贺卡相比，网络贺卡具有发送快捷、可交互和节省费用等方面的技术优势，受到很多人的喜爱，因此，网络贺卡的需求量相当大，很多大型网站都提供了大量网络贺卡供访问者使用，如"卡秀"网站就是一个专门提供网络贺卡的站点。想要制作有特色的商业网络贺卡，就需要掌握一定设计方法和技巧。

一、网络贺卡的特点

（1）创意新颖，不论是动态贺卡还是静态贺卡，制作中最重要的是创意。

（2）短小精悍，情节不要过于复杂，作品的播放时间只有短短的数秒钟，应让使用者在短时间内看到贺卡的全部内容，"舞台"的尺寸不要太大，最好与现实中的贺卡一样大。

（3）色彩明亮，使用色彩对比强的颜色，能使贺卡感觉更为鲜明。

（4）声情并茂，注重画面气氛的烘托，充分表达出主题的氛围。

（5）互动控制，可按照使用者的需要添加互动程序。

二、网络贺卡的设计要领

（1）根据所需表达的意思或主题来确定贺卡的构思或脚本。

（2）图形、动画、文字、音乐完美结合。

（3）网络贺卡的设计一定要区别于动画短片和音乐 MV 设计。

第二节　四季祝福贺卡设计

一、案例分析

四季祝福贺卡主要以动画形式表现，也就是流行的 Flash 贺卡，这种贺卡通常称为动态贺卡，本例以清晰的设计思路和条理分明的步骤介绍制作过程。制作效果如图 3-1 所示。

图 3-1　本例演示的画面效果

首先，在图形元件中制作图形素材，天空、草地、树、房屋、飞鸟以及"春"、"夏"、"秋"、"冬"四个字。然后，把制作好的图形分别放置到场景相对应的图层中，用美术设计的要求来安排动画元素，并创建动画效果。最后，添加文本，制作文本的动画效果，并将制作好的影片进行发布以测试。

二、操作步骤

（1）运行 Flash，执行"文件"→"新建"命令，打开"新建文档"对话框，选择"ActionScript 3.0"或"ActionScript 2.0"，单击"确定"按钮。按"Ctrl+S"组合键保存名为"四季"的文件，在"舞台"

中用鼠标右键单击，打开快捷菜单，选择"文档设置"，打开"文档设置"对话框，参数设置如图3-2所示。

（2）在 场景1 中，将"图层1"改名为"天空"，然后选择工具箱中的矩形工具 ，在"舞台"中绘制"宽"为550 px、"高"为400 px的天蓝色（#00CCFF）矩形，其大小刚刚覆盖"舞台"，效果如图3-3所示。

（3）新建名为"云"的图层，选择线条工具 在"舞台"内绘制图3-4所示的线条。接着使用工具箱中的选择工具 对"舞台"内的线条进行拖放，把直线修改得平滑一些，如图3-5所示。

（4）选择工具箱中的部分选取工具 ，双击"舞台"内的线条对图3-6所示的节点进行调整。使用部分选取工具 配合选择工具 将"舞台"内的线条轮廓拖放至图3-7所示的效果。

> 提示：绘制轮廓的同时使用选择工具 和部分选取工具 进行辅助修改可以很方便得到所需要的线条形状。

（5）按照刚才绘制轮廓线条的方法，制作一朵完整的云，如图3-8所示。选择工具箱中的颜料桶工具 将"舞台"内的"云"填充为白色，接着使用选择工具 将"舞台"内的轮廓线删除，效果如图3-9所示。

（6）新建名为"房子"的图层，选择线条工具 在"舞台"内绘制黑色轮廓线，如图3-10所示。选择工具箱中的颜料桶工具 将房子填充为图3-11所示的颜色，并删除轮廓线。

图3-2　文档参数设置

图3-3　绘制天空

图3-4　绘制直线

图3-5　修改直线

图3-6　调整节点

图3-7　线条效果

图3-8　绘制云的轮廓线

图3-9　填充白色并删除
　　　　轮廓线

图3-10　绘制房子的轮廓线

图3-11　填充颜色并删除
　　　　轮廓线

提示：在绘制复杂的轮廓线之前，一定要先选择工具栏中的"贴紧至对象" 🔘，这样才能保证在绘制轮廓线的过程中线条的端点能够连在一起。

（7）新建名为"树"的图层，选择椭圆工具 ◯ 在"舞台"内绘制椭圆形，继续单击选择铅笔工具 ✏ 在椭圆形内画一条曲线区分树的两个面，如图 3-12 所示。使用线条工具 ╲ 配合选择工具 ▸ 绘制树干的轮廓线，如图 3-13 所示。选择工具箱中的颜料桶工具 🪣 给树填充三种不同的颜色，即填充为浅绿色（#0DF700）与深绿色（#339900）的树叶、褐色（#957B04）的树干，然后选择工具箱中的选择工具 ▸ 将轮廓线选中并删除，如图 3-14 所示。

（8）新建名为"草地右"的图层，选择线条工具 ╲ 在"舞台"内绘制三角形，填充黄色（#FFEE51），如图 3-15 所示。

单击选择工具 ▸ 对三角形的一条边线进行拖放，把它修改得平滑一些，然后删除轮廓线，如图 3-16 所示。

（9）新建名为"草地左"的图层，选择线条工具 ╲ 在"舞台"内绘制三角形，填充绿色（#54DA27）。使用选择工具 ▸ 对三角形的一条边线进行拖放，删除轮廓线，如图 3-17 所示。

图 3-12　画树的轮廓线

图 3-13　画树干的轮廓线

图 3-14　填充树的颜色并删除轮廓线

图 3-15　绘制三角形并填充黄色

图 3-16　调整右边的草地

图 3-17　绘制左边的草地

（10）同时选择 🎬 场景1 中所有图层的第 100 帧，单击鼠标右键选择"插入帧"，如图 3-18 所示。

也可直接按"F5"键插入帧，如图 3-19 所示，图层帧数增加到 100，使动画的播放时间延长。

（11）选择图层"天空"、"树"、"草地右"、"草地左"这四层的第 15 帧按"F6"键插入关键帧，并且在该帧内将这些图形的颜色填充为夏季的颜色，即天空填充深蓝色（#0000CC），右边草地填充大红色（#FF0000），左边草地填充深褐色（#64361E），效果如图 3-20 所示。

继续选择图层"天空"、"树"、"草地右"、"草地左"这四个图层的第 30 帧按"F6"键插入关键帧，并且在该帧内将这些图形的颜色填充为秋季的颜色，即天空填充紫色（#9999FF），右边草地填充橘黄色（#FFAD33），左边草地填充褐色（#CC6600），效果如图 3-21 所示。选择图层"天空"、"树"、"草地右"、"草地左"这四个图层的第 45 帧按"F6"键插入关键帧，并且在该帧内将这些图形的颜色填充为冬季的颜色，即天空填充浅蓝色（#A2E0FF），右边草地填充浅天蓝色（#D7FFFF），左边草地填充蓝灰色（#98EAFE），效果如图 3-22 所示。以上季节变化、颜色变化时树的颜色也相应变化。

（12）在图层"天空"、"树"、"草地右"、"草地左"的第 1 帧和第 15 帧之间，单击鼠标右键选择"创建补间形状"命令创建形状补间，如图 3-23 所示，对后面的帧用同样的方法创建形状补间。

图 3-18　选择"插入帧"

图 3-19　将图层帧数增加到 100

图 3-20　填充夏季的颜色

图 3-21　填充秋季的颜色

图 3-22　填充冬季的颜色

图 3-23　创建形状补间

（13）新建一个名为"鸟"的图层，选择线条工具在"舞台"内绘制直线，使用选择工具对"舞台"内的线条进行拖放，把直线调整为曲线，效果如图 3-24 所示。为了进一步使线条变得圆润平滑，选择工具箱中的部分选取工具 双击"舞台"内的线条，对其节点进行调节，效果如图3-25所示。选择工具箱中的颜料桶工具 给鸟填充白色，用选择工具 将"舞台"内的轮廓线选中并删除，并将白色飞鸟图形移到图3-26所示的位置。

（14）在图层"鸟"的第20帧按"F6"键插入关键帧，将该帧中的鸟移至图3-27所示的位置。在图层"鸟"的第45帧按"F6"键插入关键帧，将帧中的鸟移至画布以外右侧，如图3-28所示。

（15）在图层"鸟"的第1帧和第20帧之间、第20帧和第45帧之间，单击鼠标右键选择"创建补间形状"命令，效果如图3-29所示。

图3-24　绘制飞鸟轮廓线

图3-25　编辑轮廓线

图3-26　填充白色并移动

图3-27　移动鸟的位置到"舞台"中间

图3-28　移动鸟的位置到"舞台"右边

图3-29　创建补间形状（加入飞鸟后）

（16）新建名为"四季"的图层，选择文本工具 在图3-30所示的位置输入静态文本"春"，字体颜色设置为黑色。在图层"四季"第15帧按"F7"键插入空白关键帧，选择文本工具 在图3-31所示的位置输入静态文本"夏"。

　　提示：插入空白关键帧是为了在后面的动画编辑中再次利用图层，在动画的制作中尽量减少图层的使用对我们以后的修改和查看有很大的帮助。

在图层"四季"第30帧按"F7"键插入空白关键帧，选择文本工具 在图3-32所示的位置输入静态文本"秋"。在图层"四季"第45帧按"F7"键插入空白关键帧，选择文本工具 在图3-33所示的位置输入静态文本"冬"。

图 3-30 输入文本"春"

图 3-31 输入文本"夏"

图 3-32 输入文本"秋"

图 3-33 输入文本"冬"

（17）新建名为"文字1"的图层，在第55帧按"F7"键插入空白关键帧，选择文本工具 T ，输入静态文本"岁月流转"，如图3-34所示，再用选择工具 选择"岁月流转"这四个字，连续按"Ctrl+B"组合键将文字分离。在图层"文字1"的第64帧、第71帧、第78帧插入关键帧，同时打开颜色面板，把第55帧和第78帧文字的"A"（alpha）值设置为0，如图3-35所示。

（18）在图层"文字1"的第55帧和第64帧之间、第71帧和第78帧之间，单击鼠标右键选择"创建补间形状"命令，效果如图3-36所示。

（19）新建一个名为"文字2"的图层，在第75帧插入空白关键帧，选择文本工具 T 在图3-37所示的位置输入静态文本"祝福永恒"，再用选择工具 选择"祝福永恒"这四个字，连续按"Ctrl+B"组合键将文字分离。在图层"文字2"的第84帧插入关键帧，同时把第75帧文字的"A"（alpha）值设置为0，如图3-38所示。

图 3-34 输入文本

图 3-35 设置颜色

图 3-36　创建文本的补间动画

图 3-37　输入静态文本

图 3-38　设置文本颜色

（20）在图层"文字 2"的第 75 帧和第 84 帧之间，单击鼠标右键选择"创建补间形状"命令，效果如图 3-39 所示。

（21）按"Ctrl+S"组合键对文件进行保存，文件名字设为"贺卡 1"，最后按"Ctrl+Enter"组合键发布动画以进行测试，最终效果如图 3-40 所示。

图 3-39　创建"文字 2"中的形状补间

✎　[知识链接] 形状补间动画

形状补间是 Flash 中非常重要的表现手法之一，运用形状补间动画，可以变幻出各种奇妙的、不可思议的变形效果。

1. 形状补间动画的概念

在一个关键帧中绘制一个形状，然后在另一个关键帧中更改该形状或绘制另一个形状，Flash 根据二者之间的帧的值或形状来创建的动画被称为形状补间动画。

图 3-40　"贺卡 1"最终效果

2. 构成形状补间动画的元素

形状补间动画可以实现两个图形之间颜色、形状、大小、位置的相互变化，其变形的灵活性介于逐帧动画和动作补间动画二者之间，使用的元素多为用鼠标或压感笔绘制出的形状，如果使用图形元件、按钮、文字等，则必先"打散"才能创建变形动画。

3. 形状补间动画在时间轴面板上的表现

形状补间动画建好后，时间轴面板的背景色变为淡绿色，在起始帧和结束帧之间有一个长长的箭头，如图 3-41 所示。

4. 创建形状补间动画的方法

在时间轴面板上动画开始播放的地方创建或选择一个关键帧，并设置要开始变形的形状，一般一帧中以一个对象为好，在动画结束处创建或选择另一个关键帧并设置要变成的形状，然后在两个关键帧之间单击鼠标右键，打开快捷菜单选择"创建补间形状"命令，一个形状补间动画就创建完毕。

5. 认识形状补间动画的属性面板

Flash 的属性面板随鼠标选定的对象不同而发生相应的变化。我们建立了一个形状补间动画后，单击帧，可以看到属性面板的变化，如图 3-42 所示。

图 3-41　形状补间动画在时间轴面板上的表现　　　　图 3-42　形状补间动画的属性面板

形状补间动画的属性面板上只有两种选项。

1）"缓动"选项

单击"缓动"后的缓动值，用鼠标左右拖动便可以调节参数值，当然也可以在文本框中直接输入具体的数值，如图 3-43 所示，设置后，形状补间动画会发生相应的变化。在 0 到 -100 之间，动画运动的速度从慢到快，朝运动结束的方向加速补间。在 0 到 100 之间，动画运动的速度从快到慢，朝运动结束的方向减慢补间。默认情况下，补间帧之间的变化速率是不变的。

2）"混合"选项

"混合"选项中有"分布式"选项和"角形"选项供选择，如图 3-44 所示。"分布式"选项是指创建的动画中间形状比较平滑和不规则。"角形"选项是指创建的动画中间形状会留有明显的角和直线，适合用于具有锐化转角和直线的混合形状。

图 3-43　"缓动"选项

图 3-44　"混合"选项

第三节　新年贺卡设计

一、案例分析

本例以清晰的设计思路和条理分明的步骤介绍制作过程，效果如图 3-45 所示。

图 3-45　新年贺卡演示效果

首先，制作背景的素材，如天空、星星、建筑物、地面。然后，制作前景动画部分的素材，如彩带、风铃、礼物等。接着，把制作好的素材分别放置到场景的图层中，用美术设计的要求来安排动画元素，并创建动画效果。最后，给动画添加背景音乐和互动控制，将制作好的影片进行发布以测试，效果如图 3-45 所示。

二、操作步骤

（1）新建名为"新年快乐"的 Flash 文档。打开"文档设置"对话框，参数设置为宽 352 px、高 288 px，背景色为白色，其他选项均使用默认，如图 3-46 所示，单击"确定"按钮。

（2）将图层 1 改名为"天空"，然后选择工具箱中的矩形工具▣在"舞台"中绘制宽 352 px、高 288 px 的黑边蓝底的矩形，如图 3-47 所示，矩形的大小刚刚覆盖"舞台"。

（3）对刚绘制的矩形进行色彩处理，打开颜色面板选择流类型为放射状，移动左边的滑动色块将其色彩设置为深蓝色（#5656FE），如图3-48所示，选择右边的色块将其设置为黑色（#000000）。

（4）选择"舞台"中的矩形，接着选择工具箱中的颜料桶工具，移动鼠标到所选的矩形上，单击鼠标左键给矩形填充颜色，制作出矩形渐变效果，如图3-49所示。

（5）按"Ctrl+F8"组合键新建名为"星星"的影片剪辑元件，进入其编辑状态，选择工具箱中的多角星形工具，如图3-50所示。再在属性面板上选择"选项"，打开"工具设置"对话框，选择"样式"为"星形"，其参数设置如图3-51所示。

（6）在"舞台"中绘制浅黄色（#FFFF66）五角星，接着删除轮廓线，在影片剪辑元件"星星"的第5帧和第9帧处插入关键帧，如图3-52所示。选择第5帧的星星图形，使用任意变形工具将图形缩小至图3-53所示的效果，并将其填充色的"A"（alpha）值在颜色面板中设置为0，最后给第1帧至第9帧创建形状补间。

> 提示：本例所有出现的动画元素都转换成元件，这样方便直接从库中查找和修改。

图3-46 属性参数设置

图3-47 绘制矩形作为背景

图3-48 渐变设置　图3-49 制作矩形渐变　　图3-50 多角星形工具选择　　图3-51 星形参数设置

图3-52 插入关键帧

图3-53 创建星星的动画

（7）返回 ![场景1]，将库中的影片剪辑元件"星星"拖入"舞台"，在"舞台"中复制出多个，并且重新调整它们的大小与位置，如图 3-54 所示。

（8）新建名为"背景"的图层，然后按"Ctrl+F8"组合键新建名为"背景"的影片剪辑元件，进入其编辑状态，使用线条工具![]绘制建筑物的轮廓线，并用选择工具![]将建筑物轮廓线拖曳为图 3-55 所示的弧形。

（9）打开颜色面板，在其类型中选择"放射状"，然后选择左边的滑动色块，将其色彩设置为浅蓝色（#8BDCFE），再选择右边的色块，将其设置为深蓝色（#0A3DA5），面板参数设置如图 3-56 所示。

（10）单击颜料桶工具按钮![]给建筑物填充颜色，如图 3-57 所示。选择填充颜色，使用渐变变形工具![]，将图形填充的中心点移动到图 3-58 所示的位置。

（11）按照刚才的方法，选择"径向渐变"填充类型给所有的建筑物填充不同深浅的蓝色，然后，选用颜料桶工具![]给建筑物的窗户填充黄色，如图 3-59 所示。

> 提示：每次填充，必须使用渐变变形工具![]，重新调整填充的中心点位置及填充的大小和方向。

（12）绘制地面，使用矩形工具![]绘制深黄色（#FFCC00）的矩形，单击选择工具按钮![]对其中的一条边线进行拖放，修改成图 3-60 所示的弧形，并将黄色图形移动到建筑物的下方。

图 3-54　复制星星并调整

图 3-55　绘制背景轮廓线

图 3-56　放射状渐变色的填充设置

图 3-57　填充建筑物颜色

图 3-58　调整图形填充中心点

图 3-59　填充建筑物和窗户的颜色

图 3-60　绘制地面

（13）使用矩形工具▢在"舞台"的空白区域绘制矩形，使用选择工具▶对其中的一条边线进行拖放，填充黄色后删除轮廓线，如图3-61所示。

（14）打开颜色面板在其类型中选择"径向渐变"，选择左边的滑动色块并将其色彩设置为黄色（#FFFF00），将右边的色块设置为黄色（#FFFF00），"A"设为0，如图3-62所示。

（15）单击颜料桶工具按钮▣给图形填充颜色，如图3-63所示。选择填充颜色，使用渐变变形工具▣，将颜色调整为图3-64所示的效果。

（16）将刚绘制的图形移动到合适位置，返回🎬场景1，将库中的影片剪辑元件"背景"拖入"舞台"，并且重新调整它们的大小与位置，效果如图3-65所示。

（17）新建名为"彩带"的图层，然后按"Ctrl+F8"组合键新建名为"彩带"的影片剪辑元件，进入其编辑状态，使用线条工具▨配合选择工具▶绘制彩带的轮廓线，然后绘制暗部的轮廓线，如图3-66所示。

（18）选择颜料桶工具▣给彩带填充不同的颜色，接着使用墨水瓶工具▣调整图形轮廓线的颜色，使填充色与轮廓线的颜色协调，如图3-67所示。

（19）新建名为"风铃"的图层，然后按"Ctrl+F8"组合键新建名为"风铃"的影片剪辑元件，进入其编辑状态，使用椭圆工具◯配合任意变形工具▣绘制风铃和果子的轮廓线，使用线条工具▨配合选择工具▶绘制叶子轮廓线，如图3-68所示。

（20）使用线条工具▨配合选择工具▶绘制风铃暗部的轮廓线与高光部分的轮廓线，选择工具箱中的铅笔工具✎绘制果子的高光部分的轮廓线，如图3-69所示。

（21）使用颜料桶工具▣给风铃、果子和叶子填充不同的颜色，并用墨水瓶工具▣调整图形轮廓线的颜色，如图3-70所示。

图3-61　绘制并修改矩形后填充及删除轮廓线

图3-62　渐变色的填充设置

图3-63　填充颜色

图3-64　调整线性填充

图3-65　调整背景画面后效果

图3-66　绘制彩带及其暗部轮廓线

图3-67　填充彩带颜色并调整轮廓线颜色

（22）新建名为"礼物1"的图层，然后按"Ctrl+F8"组合键新建一个名为"礼物1"的影片剪辑元件，进入其编辑状态，使用椭圆工具◎配合线条工具➘绘制盒子的轮廓线，用线条工具➘配合选择工具▶绘制蝴蝶结的轮廓线，如图3-71所示。对礼品盒进行填充上色处理，在礼品盒上添加深黄小圆点，效果如图3-72所示。

（23）按"Ctrl+L"组合键打开库面板，选择影片剪辑元件"礼物1"，单击鼠标右键，选择"直接复制"，如图3-73所示，打开"直接复制元件"对话框，复制为名为"礼物2"的影片剪辑元件，如图3-74所示。

（24）进入影片剪辑元件"礼物2"的编辑状态，使用颜料桶工具🖌对礼品盒进行重新填充上色，图3-75所示为调整之后的礼品盒效果。

图3-68 绘制风铃、果子和叶子的轮廓线

图3-69 绘制高光部分与暗部轮廓线

图3-70 填充风铃、果子和叶子的颜色

图3-71 绘制"礼物1"轮廓线

图3-72 填充礼品盒颜色

图3-73 选择"礼物1"后单击右键

图3-74 复制为"礼物2"

图3-75 填充"礼物2"中礼品盒颜色

（25）按"Ctrl+F8"组合键新建名为"礼物3"的影片剪辑元件，进入其编辑状态，使用线条工具➘配合钢笔工具✍在"舞台"内绘制图3-76所示的轮廓线。使用颜料桶工具🖌给礼品盒填充上色，也加

上圆点装饰，效果如图 3-77 所示。

（26）将影片剪辑元件"礼物 3"复制为"礼物 4"，进入"礼物 4"编辑状态，选择任意变形工具■ 调整礼品盒的大小，使用颜料桶工具■对礼品盒进行重新上色，图 3-78 所示为制作调整之后的礼品盒效果。

> 提示：在以后的制作中，遇到多个元素造型相类似的时候，可以画一个元素然后在库面板中进行复制，或稍微进行修改就可以达到目的了。

（27）返回 ■ 场景 1，将库中的影片剪辑元件"彩带"拖入图层"彩带"，将库中的影片剪辑元件"风铃"拖入图层"风铃"，且重新调整它们的大小与位置，合成效果如图 3-79 所示。选择图层"天空"和图层"背景"的第 150 帧，按"F5"键插入一般帧，延长动画播放的时间，如图 3-80 所示。

（28）选择图层"风铃"和图层"彩带"的第 13 帧插入关键帧，然后将这两个影片剪辑元件向下移动。继续在这两个图层的第 22 帧插入关键帧，往"舞台"的右边移动影片剪辑元件。接着在第 32 帧插入关键帧，同时将这两个影片剪辑元件向左移动。最后在第 1 帧、第 13 帧、第 22 帧、第 32 帧之间单击鼠标右键，打开快捷菜单选择"创建传统补间"命令。效果如图 3-81 至图 3-83 所示。

图 3-76　绘制"礼物 3"中礼品盒轮廓线　　图 3-77　填充"礼物 3"中礼品盒颜色　　图 3-78　绘制"礼物 4"中礼品盒

图 3-79　与背景合成　　　　　　　　　图 3-80　增加帧数至 150

图 3-81　第 13 帧　　　　　　　　　　图 3-82　第 22 帧

图 3-83　第 32 帧

（29）分别新建三个名为"礼物 2"、"礼物 3"、"礼物 4"的图层，选择图层"礼物 1"的第 37 帧按"F7"键插入空白关键帧，然后将库中的影片剪辑元件"礼物 1"拖到图 3-84 所示的位置。

（30）选择图层"礼物 1"的第 45 帧按"F6"键插入关键帧，将影片剪辑元件"礼物 1"移到图 3-85 所示的位置，然后创建两帧之间的传统补间。

（31）选择图层"礼物 2"的第 41 帧按"F7"键插入空白关键帧，然后将库中的影片剪辑元件"礼物 2"拖到"舞台"外的左边，接着在第 47 帧、第 49 帧、第 51 帧插入关键帧，然后选择第 47 帧内的元件，使用任意变形工具 将元件变形，选择第 49 帧内的元件，用任意变形工具 对元件进行图 3-86 所示的变形，最后在第 41 帧、第 47 帧、第 49 帧之间创建传统补间。

（32）在图层"礼物 3"的第 44 帧按"F7"键插入空白关键帧，然后将库中的影片剪辑元件"礼物 3"拖到"舞台"外的上方，在第 50 帧、第 51 帧、第 53 帧插入关键帧，接着选择第 51 帧内的元件，使用任意变形工具 降低高度，使其在动画中产生跳跃的效果，在第 44 帧、第 51 帧之间创建传统补间，如图 3-87 所示。

图 3-84　确定"礼物 1"中礼品盒的起始位置

图 3-85　确定"礼物 1"中礼品盒的终止位置

图 3-86　"礼物 2"中礼品盒的变形动画效果

图 3-87　创建"礼物 3"的动画效果

（33）选择图层"礼物4"的第49帧按"F7"键插入空白关键帧，然后将库中的影片剪辑元件"礼物4"拖到"舞台"外的上方，接着在第55帧、第56帧、第59帧插入关键帧，然后选择第52帧内的元件，使用任意变形工具■降低高度，再创建第49帧、第56帧之间的传统补间，最后将图层"礼物4"调整到图层"礼物1"的下面，如图3-88所示。

（34）选择图层"彩带"的第150帧插入一般帧，延长动画播放的时间，继续选择图层"风铃"的第68帧、第76帧、第92帧、第102帧插入关键帧，然后选择第76帧"舞台"内的影片剪辑元件，使用任意变形工具■右旋转适当的角度，选择第92帧"舞台"内的元件左旋转至图3-89所示的位置，最后创建这四帧之间的传统补间。

（35）新建名为"铃声"的图层，在第68帧按"F7"键插入空白关键帧，然后使用工具箱中的椭圆工具■，在属性面板中设置线条模式为虚线，接着在图3-90所示的位置绘制白色轮廓的圆形，同时删除填充。

（36）在第78帧插入关键帧，使用任意变形工具■对白色圆圈进行放大处理，拖放至图3-91所示的位置，然后在第68帧和第78帧之间创建传统补间动画。

图3-88　创建"礼物4"的动画效果

图3-89　创建"风铃"的动画效果

图3-90　绘制圆形的位置

图3-91　创建"铃声"的动画效果

提示：在进行缩放之前应该将图形的中心圆点拖放到它需要进行变形的位置。

（37）选择"铃声"图层第68帧和第78帧之间的所有帧右击，弹出快捷菜单，选择"复制帧"命令，依次在第84帧和第98帧右击，选择"粘贴帧"命令。复制帧和粘贴帧如图3-92和图3-93所示。

（38）新建名为"新年快乐"的图层，在第 120 帧处插入空白关键帧，然后单击文本工具按钮T，在"舞台"上输入图 3-94 所示的文字"新年快乐"并设为白色。

（39）选择"新年快乐"文本，按"Ctrl+C"键复制文字，再按"Ctrl+V"键将当前文字粘贴到"舞台"上，设置所复制出的文字颜色为红色，并调整文本在"舞台"中的位置，效果如图 3-95 所示。同时选择两层文本，单击任意变形工具按钮旋转文本，得到图 3-96 所示的效果。

（40）给作品添加声音。新建名为"背景音乐"的图层，执行"文件"→"导入"→"导入到库"命令，打开已经准备好的 mp3 文件，然后打开库面板，把文件"背景音乐"拖放到工作区域内，如图 3-97 所示。选择图层"背景音乐"的第 1 帧，然后在属性面板音乐文件的"同步"下拉列表中选择"数据流"，其设置如图 3-98 所示。

（41）为风铃添加声音。新建名为"音效 1"的图层，在第 65 帧插入空白关键帧，然后打开库面板，把文件"音效 1"拖放到工作区域内，效果如图 3-99 所示。新建名为"音效 2"的图层，在第 85 帧插入空白关键帧，将"库"面板中的文件"音效 2"拖放到工作区域内，如图 3-100 所示。设置声音属性为"数据流"。

图 3-92　复制帧　　　　　　　　　　　　　　图 3-93　粘贴帧

图 3-94　输入静态文本"新年快乐"

图 3-95　复制文本并调整

图 3-96　旋转文本

图 3-97　导入背景音乐　　　　　　　　　　　图 3-98　背景音乐属性设置

图 3-99　导入"音效 1"

图 3-100　导入 "音效 2"

提示：声音文件必须分图层管理，在贺卡练习中，声音属性一般设置为 "同步" → "数据流"，数据流是指声音与帧同步。

（42）在图层 "音效 2" 第 150 帧插入空白关键帧，按 "F9" 键打开 "动作 – 帧" 面板，输入代码 "stop();"，如图 3-101 所示。按 "Ctrl+Enter" 组合键发布动画以进行测试，最终效果如图 3-102 所示。

图 3-101　在 "动作 – 帧" 面板中输入代码

图 3-102　最终效果

✎ ［知识链接］传统补间动画

传统补间动画是 Flash 中非常重要的表现手段之一。与形状补间动画不同的是，传统补间动画的对象必须是元件或组合对象。

运用传统补间动画，用户可以设置元件的大小、位置、颜色、透明度、旋转等种种属性，配合别的手法，甚至能做出令人称奇的仿 3D 的效果来。下文详细讲解传统补间动画的特点及创建方法，并分析传统补间动画和形状补间动画的区别。

1. 传统补间动画的概念

在一个关键帧上放置一个元件，然后在另一个关键帧上改变这个元件的大小、颜色、位置、透明度等，Flash 根据二者之间的帧的值创建的动画被称为传统补间动画。

2. 构成传统补间动画的元素

构成传统补间动画的元素是元件或组合对象，包括影片剪辑元件、图形元件、按钮元件、文字、位图、组合等，但不能是形状，只有把形状组合起来或者转换成元件才可以创建传统补间动画。

3. 传统补间动画在时间轴面板上的表现

传统补间动画建立后，时间轴面板的背景色变为淡紫色，在起始帧和结束帧之间有一个长长的箭头，如图 3-103 所示。

图 3-103 传统补间动画在时间轴面板上的表现

4. 创建传统补间动画的方法

在时间轴面板上动画开始播放的地方创建或选择一个关键帧并设置一个元件，一帧中只能放一个项目，在动画要结束的地方创建或选择另一个关键帧并设置该帧中元件的属性，在两个关键帧之间单击鼠标右键，打开快捷菜单，选择"创建传统补间"命令，即可创建传统补间动画。

5. 传统补间动画和形状补间动画的区别

传统补间动画和形状补间动画都属于补间动画。前后都各有一个起始帧和结束帧，二者之间的区别如表 3-1 所示。

表 3-1 传统补间动画和形状补间动画的区别

区别之处	传统补间动画	形状补间动画
在时间轴面板上的表现	淡紫色背景加长箭头	淡绿色背景加长箭头
组成元素	影片剪辑元件、图形元件、按钮元件、文字、位图等	形状，如果使用图形元件、按钮元件、文字等，则必须先打散再变形
完成的作用	实现一个元件的大小、位置、颜色、透明等的变化	实现两个形状之间的变化，或一个形状的大小、位置、颜色等的变化

6. 认识传统补间动画的属性面板

在时间轴面板中传统补间动画的起始帧上单击，帧属性面板如图 3-104 所示。

图 3-104 传统补间动画属性面板

✎ [知识链接] 动画中声音的运用

1. 声音的导入

声音导入后，只有在库面板中才会显示，作品的时间轴上并不会出现声音，将声音文件加入作品的时间轴的步骤如下。

（1）执行"文件"→"导入"→"导入到库"命令，将外部声音导入当前动画文档的库面板中，选択要导入的声音文件，然后单击"打开"按钮，将声音导入，如图 3-105 所示。

可以在库面板中看到刚导入的声音，如图 3-106 所示。

（2）选择图层 1 的第 1 帧，然后将库面板中的声音文件拖放到"舞台"中，如图 3-107 所示，图层 1 的第 1 帧出现了一小段音波，表示已成功将声音引用到第 1 帧中，按下快捷键"Ctrl+Enter"测试加入的音效。

（3）在第 25 帧按"F5"键，将帧延长，该声音文件的整段音波都显示出来了，如图 3-108 所示。

图 3-105　导入声音到库　　　　　　　　图 3-106　声音在库面板上显示

图 3-107　声音引用到第 1 帧　　　　　　图 3-108　声音的完整显示

提示：在 Flash 中，必须在关键帧或空白关键帧上才能加入声音，所以必须注意观察时间轴上是否有关键帧，如果没有一定要按"F6"键或"F7"键插入关键帧或空白关键帧。

2.　声音的属性设置

所谓声音的属性设置，就是音乐导入之后，首先要对它进行初级设置。选择声音所在图层的第 1 帧，打开属性面板，可以发现属性面板里面有很多设置和编辑声音对象参数的选项，如图 3-109 所示。

循环功能在动画制作中很少用到，而"同步"下拉列表中的项目必须着重了解。打开"同步"下拉列表，可以设置"事件"、"开始"、"停止"和"数据流"四个同步选项，如图 3-110 所示。

图 3-109　声音属性面板　　　　　　　　图 3-110　"同步"下拉列表

054

选择"事件"选项会将声音和一个事件的发生过程同步起来。事件的声音在它的起始关键帧显示时播放，并独立于时间轴播放整个声音，即使 swf 文件停止也继续播放。播放发布的 swf 文件时，事件的声音与动画中的声音混合在一起，因此在制作贺卡时不使用此类型。

"开始"与"事件"选项的功能相近，但如果声音正在播放，选择"开始"选项则不会播放新的声音实例。

选择"停止"选项将使指定的声音静止。

选择"数据流"选项将同步声音，强制动画和音频流同步。与事件的声音不同，音频流随着 swf 文件的停止而停止，而且，音频流的播放时间绝对不会比帧的播放时间长。发布 swf 文件时，音频流会与其他声音混合在一起，所以贺卡的背景音乐通常会设置为此类型。

3. 声音的编辑

虽然 Flash 处理声音的能力有限，没有办法和专业的声音处理软件相比，但是在 Flash 内部还是可以对声音做一些简单的编辑、实现一些常见的功能的，比如控制声音的播放音量、改变声音开始播放和停止播放的位置等。

编辑声音文件的具体操作：首先要在帧中添加声音，或选择一个已添加了声音的帧，打开属性面板，单击右边的编辑按钮，弹出图 3-111 所示的"编辑封套"对话框。

在"编辑封套"对话框中执行相应操作会有不同效果，如图 3-112 所示。

图 3-111　"编辑封套"对话框

图 3-112　编辑声音

（1）要改变声音的起始点和终止点，可拖动"编辑封套"对话框中的时间控件，调整开始时间控件和停止时间控件，如图 3-112 所示。

（2）要更改声音封套线，可拖动封套线手柄来改变不同点处的声音大小级别。封套线显示声音播放时的音量。单击封套线可以创建其他封套线手柄（总共可达 8 个），要删除封套线手柄，可将其拖出窗口。

（3）单击"放大显示"按钮或"缩小显示"按钮，可以改变窗口中显示声音的范围。

（4）要在秒和帧之间切换时间单位，可单击"秒"按钮和"帧"按钮。

（5）单击"播放声音"按钮，可以听编辑后的声音。

✏️ 实训四

实训名称：网络卡贺卡设计。

实训目的：通过学习，学生能独立完成该实训，掌握 Flash 贺卡设计的技巧与方法。

实训内容：请参考图 3-113 所给出的效果，结合所学的内容进行贺卡设计制作练习。

实训要求：根据所给素材图片进行制作，并添加动画及音乐效果，可增加其他素材以达到所需效果。

实训步骤：

（1）制作出背景。

（2）绘制贺卡中需要的图形素材。

（3）创建动画。

（4）制作文本。

（5）添加音乐。

实训向导：运用补间动画添加贺卡的动画效果，添加文字与声音。

图 3-113　贺卡效果演示

第四章
Flash 网络短片设计

✏️ 任务概述

通过学习 Flash 网络短片的设计制作，读者可了解 Flash 网络短片的制作流程和设计要点，理解 Flash 短片的制作原理，并掌握使用 Flash 制作短片的方法与技巧。

✏️ 能力目标

对 Flash 网络短片设计有初步的认识和目标定位，并能较好地把握作品主题，在制作的过程中能把艺术与技术紧密地联系在一起，为独立创作奠定基础。

✏️ 知识目标

理解 Flash 短片的设计原则和制作原理，并学会运用 Flash 制作完整的动画短片。

✏️ 素质目标

具备自学能力，能对 Flash 短片进行多种方法的制作与实践。

第一节　Flash 网络短片设计基础

一、Flash 网络短片的特点

相对于电视动画系列片，Flash 制作的角色动画在艺术特征和制作过程方面都有其独特的地方。由于 Flash 网络短片的篇幅不长，个性独特的制作成为现实。越来越多的 Flash 爱好者制作出视听表现力极强的作品，极具震撼力。制作 Flash 网络短片的重点应为把握作品主题，将艺术与技术完美地融合在作品中。

二、Flash 网络短片的设计要点

（1）确立动画短片主题思想，捕捉创作灵感。可以根据真人、真事为原型创作，也可以根据故事、小说、传说改编创作。

（2）选择合适的题材和风格。Flash 动画大多表现娱乐性，多为通俗化的题材。故事片、MV 是最常制作的 Flash 动画，也是 Flash 动画流行的基础，Flash 实现了人人创作动画的梦想。我们所熟知的商业活动中的片头和广告，用 Flash 制作已经很常见。

Flash 动画的题材可以从传统文化中寻找，比如拾荒的作品《小破孩》系列故事，大多取材或者说是改编自中国传统故事或民间传说，并且绘画风格、音乐、服装等都具有中国韵味，使人一看就知道这是中国的"小破孩"。作品《景阳冈》、《射雕英雄传》、《中秋·背媳妇》中都有着很深的中国传统印记，故事多取材于民间传说、历史典故等，民族音乐也起到相当重要的作用，如《景阳冈》中的《十面埋伏》琵琶曲，《射雕英雄传》中的《二泉映月》二胡曲，以及《中秋·背媳妇》中的《梁祝》等。Flash 动画

可以有很多种风格，如卜桦的 Flash 作品倾向于版画风格，这种风格非常适合用 Flash 来表现，多用粗犷的不规则线条、夸张的色块，不讲究动画的过渡，但又和整体的美术风格很协调，可以说卜桦的作品是 Flash 技术和美术结合的典范。

以上说的都是强调艺术风格的类型，其实 Flash 作品绝大多数还是通俗、现代的作品。此类作品非常多，也有不少成功例子：雪村曾经凭借一个通俗搞笑的 Flash 使他的一首歌红遍中国；流氓兔这个卡通肖像也在 Flash 领域找到了合适的切入点，从而家喻户晓。制作 Flash 动画，风格题材不是问题，重点在于选择想表现的内容进行发挥。

（3）选择合适的学习手段。较早的 Flash 动画作品是小小的作品，小小是位很聪明的创作者，他选择"小黑人"作为动画角色，极大地运用了 Flash 软件本身的优势。小黑人的形象类似剪影效果，人物的细节都忽略了，这为突出动作的表现提供了便利，人物可以方便地做出各类高难度动作，而创作者不必担心会耗费太大的精力。这种创作动画的方法，为读者提供了学习动画的手段参考。一个长期从事动画创作的人员，也没有条件把人物动作规律随心所欲地安排调度，反复试验。那是因为用传统方法，不能把纸上的动作直观而又不需太多成本地表现在眼前，而 Flash 软件中的矢量线就有这样的好处，可以使人用鼠标方便地调整人物的关节运动，来回移动变化，省时省力。初学者用这种方法来练习动画规律或单独创作，都是非常好的选择。

第二节　网络短片设计——《龙子太郎》

一、案例分析

以童话故事短片《龙子太郎》为例，详细剖析角色动画制作的全部过程。《龙子太郎》讲述的是龙子太郎如何克服种种磨难和困难最后找到自己妈妈的一个在日本家喻户晓的童话故事。脚本、基本创意已经有了，需要进行分镜头台本的绘制、角色造型与场景设计、动画制作等步骤。

二、操作步骤

（一）分镜头台本的绘制

所谓分镜头台本，就是为了明晰影片创作方向，导演根据剧本，绘制出的类似连环画的故事草图。绘制分镜头台本，是为了将剧本描述的故事情节表现出来。

整部动画由若干片段组成，每一片段由系列场景组成，一个场景一般由某一地点和一组人物限定，而场景又可以分为一系列被视为图片单位的镜头，由此构造出一部动画片的整体结构。在绘制各个分镜头台本的同时，作为其内容的动作和道白的时间、摄影指示、画面连接等都要有相应的说明。《龙子太郎》中龙子太郎打老虎分镜头画面如图 4-1 所示。

图 4-1　龙子太郎打老虎分镜头画面

（二）场景设计

场景的设计必须按照剧本所提供的信息进行，并应能交代故事情节的时间与空间关系。

首先，要确定人物所处的时代背景以及出身环境。《龙子太郎》这个故事短片，将其时代背景设定为"古代"，发生故事的主要场景为带有奇幻色彩的日本乡村。龙子太郎的家如图 4-2 所示，山村全貌如图 4-3 所示。

（1）新建 Flash 文档，设置宽为 352 px，高为 288 px，背景颜色为白色，其他选项均使用默认，参数设置如图 4-4 所示。按"Ctrl+S"组合键对文件进行保存，文件名字为"龙子太郎"。

（2）选用矩形工具□，在"舞台"中绘制图 4-5 所示的矩形。在菜单中选择"修改"→"转换为元件"（快捷键为"Ctrl+F8"），弹出"转换为元件"窗口，创建名字为"场景"的图形元件。

（3）进入图形元件"场景"的编辑状态，然后将绘制的矩形重新上色，处理成图 4-6 所示的色调，目的是交代故事发生的环境和时间，并将图层改名为"天空"。单击插入图层按钮□，创建一个名为"草丛"的新图层，然后在工作区内绘制图 4-7 所示的草丛。

图 4-2　龙子太郎的家

图 4-3　山村全貌

（4）使用铅笔工具✎绘制出图 4-8 所示的轮廓，制作出草丛的阴影轮廓和层次感，用不同深浅的绿色对刚刚绘制出的草丛进行填充，然后再将绘制出来的轮廓线条删除。

（5）单击插入图层按钮🔲创建一个新图层，并将其命名为"草地"，然后在工作区绘制图4-9所示的草地。用同样的方法创建新图层"土坡"，并在工作区内绘制图4-10所示的土坡。

图4-4 属性参数设置

图4-5 绘制矩形

图4-6 绘制天空

图4-7 绘制草丛

图4-8 绘制草丛层次感

图4-9 绘制草地

图4-10 绘制土坡

（6）新建图层"云"，并用铅笔工具🖊在工作区内绘制图4-11所示的云的造型。按"Ctrl+F8"键新建名为"前景"的图形元件，进入其编辑状态，用铅笔工具🖊和颜料桶工具🪣绘制图4-12所示的前景草丛。

图 4-11　绘制云

图 4-12　绘制前景草丛

（三）人物造型设计

人物的造型必须要符合人物的性格。Flash 动画中的人物就好比电影中的演员，影片中的任何故事都必须通过演员的表演来实现，他们的性格、长相、身材、穿着，将直接影响到影片的质量。影片留给观众深刻印象的一般是表达故事的主体——角色。下面来分析一下《龙子太郎》中主要角色的性格特征：龙子太郎是一个勇敢、机灵的形象，乐于助人，做事坚持，极有毅力，执着，如图 4-13 所示；阿娅姑娘是一个勇敢无畏、天真可爱的小妹妹形象，如图 4-14 所示；老奶奶是个善良、慈祥和蔼的人，是一个慈眉善目的形象，如图 4-15 所示。

图 4-13　龙子太郎

图 4-14　阿娅姑娘

图 4-15　老奶奶

1. 龙子太郎的造型一

（1）返回 ，开始绘制角色的造型，按 "Ctrl+F8" 键新建名为 "龙子太郎 1" 的图形元件，进入元件的编辑状态，在 "舞台" 内绘制图 4-16 所示的线条轮廓。接着使用铅笔工具 刻画造型的暗部，并使用颜料桶工具 对 "舞台" 中的造型进行填充处理，效果如图 4-17 所示。

（2）使用刷子工具 为人物绘制眼睛，注意眼珠的颜色为黑色，高光部分的颜色为白色，如图 4-18 所示。选择刚刚画好的眼睛，按 "Ctrl+X" 组合键将其剪切，新建名为 "眼睛" 的图层，再按 "Ctrl+Shift+V" 键将剪切内容粘贴到 "眼睛" 图层，完成图形分层，如图 4-19 所示。

提示：利用"Ctrl+Shift+V"组合键可将复制的图形粘贴到原始目标的当前位置。

（3）选择绘制的眼睛，将其转为图形元件"眨眼 1"，进入其编辑状态，如图 4-20 所示。在第 17 帧插入关键帧，把眼睛修改为半闭合的效果，如图 4-21 所示。

（4）在第 18 帧插入关键帧，将眼睛修改为闭合效果，并在第 20 帧插入帧，以延长帧的时间，如图 4-22 所示。

（5）返回"龙子太郎 1"的编辑状态，按"Ctrl+X"键剪切龙子太郎的嘴巴，再按"Ctrl+Shift+V"键粘贴到新建的"嘴巴"图层，在三个图层的第 20 帧插入帧，最后选择嘴巴造型将其转为图形元件"嘴巴"，并进入其编辑状态，如图 4-23 所示。

图 4-16　绘制角色轮廓

图 4-17　填充角色颜色后效果

图 4-18　绘制眼睛

图 4-19　图形分层

图 4-20　创建元件

图 4-21　眼睛半闭合状态

图 4-22　修改眼睛为闭合状态

為了表現龍子太郎吃驚時嘴巴的造型，在第5幀插入關鍵幀，按"Ctrl+Shift+S"組合鍵，打開"縮放和旋轉"面板，將其"縮放"設置為120%，然後點擊"確定"按鈕，如圖4-24所示。在第10幀插入幀，以延長該幀的時間，如圖4-25所示。

提示：按"Ctrl+Shift+S"組合鍵，修改元素的比例，能以元素的中心點等比例縮放，不需要再次調整元素的位置。

（6）複製第1到10幀，將其粘貼到第11幀，如圖4-26所示。返回到"龍子太郎1"的編輯狀態，可以看到眼睛和嘴巴的動畫效果，如圖4-27所示。

图 4-23　将嘴巴转为元件

图 4-24　将图形放大　　　图 4-25　延长帧　　　图 4-26　复制并粘贴帧　　图 4-27　预览局部动画

2. 龙子太郎的造型二

（1）按"Ctrl+F8"键新建名为"龙子太郎2"的图形元件，进入其编辑状态，将"图层1"改名为"右手"，接着绘制图4-28所示的线条轮廓。使用铅笔工具和颜料桶工具对"舞台"中的人物造型进行填充处理，绘制完成后的效果如图4-29所示。

（2）隐藏图层"右手"，然后为"龙子太郎2"新建名为"身体"的图层，在其"舞台"内绘制图4-30所示的线条轮廓。使用颜料桶工具对绘制出的图形进行色彩填充处理，注意刻画颜色层次变化，处理后的效果如图4-31所示。

（3）显示图层"右手"，为"龙子太郎2"新建名为"左手"的图层，在"舞台"内绘制图4-32所示的线条轮廓，并进行填充。

（4）制作人物走路时手的动作。在第5帧给三个图层插入关键帧，单击选择工具面板中的任意变形工具，选择刚绘制的"左手"图层的图形，可以看见图形的中心位置有一个小圆圈，这个圆圈的作用是使图形在旋转时以圆圈位置为中心。将中心圆圈拖放到肩关节所在的位置，接着旋转左手，如图4-33所示。再调整好右手的位置，如图4-34所示，做出角色迈步走的效果。

图 4-28 绘制右手轮廓　　图 4-29 填充后的效果　　图 4-30 绘制身体轮廓　　图 4-31 填充身体颜色

图 4-32 绘制角色左手　　　　图 4-33 修改角色左手的动态　　　　图 4-34 修改角色右手的动态

（5）同时选择三个图层的第 1 帧，单击鼠标右键复制帧，在第 9 帧粘贴帧，如图 4-35 所示。在第 13 帧插入关键帧，用同样的方法调整手的位置，并将帧延长到第 16 帧，如图 4-36 所示。

（6）因为人在迈步的时候，身体的高度都略有降低，所以第 5 帧和第 10 帧的图形都要整体往下微移，才能做出走路时一高一低的效果，单击绘图纸外观按钮看移动的距离，如图 4-37 所示。

图 4-35 复制粘贴帧　　　　　图 4-36 延长帧到第 16 帧　　　　图 4-37 查看身体高度移动的距离

提示：单击绘图纸外观按钮 🗐，时间轴上显示了"开始绘图纸外观"到"结束绘图纸外观"这两个编辑点之间的帧，如要更改范围，可以将编辑点拖动到新的位置。

3. 龙子太郎的造型三

本片中龙子太郎打虎的画面是最精彩的，接下来制作龙子太郎打虎的造型。

（1）按"Ctrl+F8"键新建名为"龙子太郎 3"的图形元件，将图层 1 改名为"下身"，接着在"舞台"

上绘制图 4-38 所示的轮廓，并对"舞台"中的人物造型进行填充处理，如图 4-39 所示。

（2）为"龙子太郎 3"新建名为"右手"的图层，在"舞台"上绘制轮廓并进行色彩填充处理，如图 4-40 所示。

（3）新建名为"上身"的图层，在"舞台"上绘制线条轮廓，并进行色彩填充处理，注意头发和衣服的明暗变化，处理后的效果如图 4-41 所示。

（4）新建名为"左手"的图层，在"舞台"上绘制轮廓并进行色彩填充处理。在第 5 帧给四个图层插入关键帧，将帧延长到第 8 帧，如图 4-42 所示，然后用任意变形工具 ⬛ 调整各图层的图形位置，一个打老虎的动作就做好了，如图 4-43 所示。

图 4-38　绘制角色腿部

图 4-39　填充角色腿部颜色

图 4-40　绘制右手

图 4-41　绘制头部与躯干

图 4-42　插入关键帧
和延长帧

图 4-43　龙子太郎打
老虎动作

4.　老虎的造型

（1）按"Ctrl+F8"键新建名为"老虎"的图形元件，并进入编辑状态，将"图层 1"重命名为"尾巴"，接着绘制线条轮廓，并进行色彩填充处理，如图 4-44 所示。

（2）在第 4 帧插入关键帧，调整尾巴甩动的造型（第二个动态），并将帧延长到第 6 帧，如图 4-45 所示。接着在第 7 帧插入关键帧，再次调整尾巴的造型（第三个动态），并将帧延长到第 9 帧，如图 4-46 所示。

（3）复制第 1 帧至第 9 帧，粘贴到第 10 帧，如图 4-47 所示。新建名为"躯干"的图层，由于老虎不需要在场景中整个出现，因此不必画出完整的躯干部分，如图 4-48 所示。新建名为"头"的图层，绘制老虎头部的造型，如图 4-49 所示。

（4）新建"眼睛"图层，绘制老虎的眼睛造型，最后将其转为图形元件"虎眼"，进入编辑状态，如图 4-50 所示。在第 14 帧插入关键帧，把眼睛调整为图 4-51 所示的半闭合效果。

图 4-44　绘制老虎尾巴

图 4-45　调整尾巴第二个动态

图 4-46　调整尾巴第三个动态

图 4-47　时间轴的编辑状态图

图 4-48　绘制老虎躯干

图 4-49　绘制老虎头部

图 4-50　绘制老虎眼睛

图 4-51　修改眼睛为半闭合状态

（5）在第15帧插入关键帧，再次把眼睛修改为闭合的状态，如图4-52所示。返回"老虎"元件的"舞台"，绘制老虎的胡子，如图4-53所示。

（四）动画制作

（1）返回 场景1 ，将先录制好的声音导入时间轴，动画的时间近1.5分钟，将 场景1 时间轴的时间帧增加至1100帧（91.6秒），添加帧后的时间轴如图4-54所示。

（2）在"舞台"中单击鼠标右键，选择"标尺"，如图4-55所示，然后在标尺上拉出四条和"舞台"边缘对齐的辅助线，这样，就能清楚所编辑的图形在"舞台"上的显示情况，效果如图4-56所示。

（3）新建名为"背景"的图层，然后将库中的图形元件"场景"拖到"舞台"中，调整其大小，再新建名为"前景"的图层，将库中的图形元件"前景"拖到"舞台"中，最后新建名为"太郎"的图层，将库中的图形元件"龙子太郎2"拖到"舞台"中，设置角色初始位置，其编辑状态如图4-57所示。

（4）选择图层"太郎"在时间轴的第46帧插入关键帧，将"舞台"中的角色拖放至图4-58所示位置。

图4-52　修改眼睛为闭合状态

图4-53　绘制老虎的胡子

图4-54　导入声音并添加帧后的时间轴

图4-55　选择"标尺"命令

图4-56　标尺的显示效果

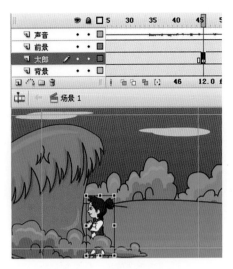

图 4-57　设置角色在主场景中的初始位置　　　　　　　图 4-58　移动角色的位置

（5）在第 1 帧和第 46 帧之间创建传统补间，将两帧衔接起来，如图 4-59 所示。在图层"太郎"的第 50 帧插入关键帧，选择"舞台"内的角色并执行"修改"→"变形"→"水平翻转"命令将"舞台"内的角色造型翻转，如图 4-60 所示。

（6）在图层"太郎"的第 60 帧插入关键帧，使用选择工具 将"舞台"中的角色往下拖动，接着打开属性面板选择"单帧"模式，如图 4-61 所示。

（7）依次在"前景"、"太郎"、"背景"这三层的第 77 帧、第 92 帧插入关键帧，使用任意变形工具 将它们放大，创建两帧之间的传统补间，如图 4-62 所示。在图层"太郎"的第 96 帧插入关键帧，为了表现角色惊恐的神情，将该帧的角色表情编辑成图 4-63 所示的样子。

图 4-59　创建传统补间　　　　　　　　　　　　图 4-60　水平翻转角色

图 4-61　设置元件实例的属性　　图 4-62　放大角色并创建传统补间　　图 4-63　修改角色表情

提示：只有对图形元件实例才能在属性面板中控制元件的播放状态，即单帧、播放一次或循环。

（8）新建"吼声"的图层，接着选择第 96 帧按"F7"键插入空白关键帧，如图 4-64 所示。

在该帧内输入文本"吼"字，按"F8"键将其转为名为"吼声"的图形元件，进入编辑状态，在"舞台"内调整字的大小与颜色，并在字的周围加上图 4-65 所示的短线。在第 3 帧插入关键帧，使用任意变形工具![图标]将图形缩小，将帧延长到第 4 帧，制作文本的动态效果，如图 4-66 所示。

（9）返回![场景1图标] **场景 1**，对图层"吼声"和图层"前景"进行调整，选择图层"吼声"，在第 110 帧按"F7"键插入空白关键帧，确定动画的终止点，如图 4-67 所示。

图 4-64　新建图层并插入空白关键帧

图 4-65　制作文本效果

图 4-66　制作文本的动态效果

图 4-67　确定动画的终止点

（10）依次在"前景"、"太郎"、"背景"这三个图层的第 110 帧、第 113 帧插入关键帧，回到第 110 帧，将三个图层的动画元素一起移至"舞台"下方适当的位置，选中"编辑多个帧"选项，以显示两帧的不同位置，表现出地动山摇的效果，如图 4-68 所示。

（11）选择三个图层的第 111 帧至第 115 帧，单击鼠标右键打开快捷菜单并选择"复制帧"，然后选择三个图层的第 116 帧，单击鼠标右键打开快捷菜单选择"粘贴帧"，接着依次在三个图层的第 122 帧、第 128 帧、第 134 帧单击鼠标右键打开快捷菜单选择"粘贴帧"，时间轴如图 4-69 所示。

（12）在"前景"、"太郎"、"背景"这三个图层的第 167 帧插入关键帧，接着将"舞台"中的元素进行适当的移动，然后创建传统补间，将第 137 帧和第 167 帧进行衔接，如图 4-70 所示。

（13）新建"前景1"图层，选择第 152 帧按"F7"键插入空白关键帧，将库中图形元件"前景"拖到"舞台"中适当的位置，在第 167 帧插入关键帧并调整大小，创建传统补间，制作前景动画，如图 4-71 所示。

（14）在"吼声"图层的第 175 帧插入关键帧，绘制老虎窜出草丛时的模糊效果，如图 4-72 所示，然后选择第 177 帧插入空白关键帧。在 场景1 中新增"老虎"图层，接着选择第 177 帧插入关键帧，将库中的图形元件"老虎"拖到"舞台"中图 4-73 所示的位置。

（15）制作老虎近景效果。选择"舞台"中所有图层并在它们的第 202 帧插入关键帧，接着在第 238 帧插入关键帧，选择该帧所有动画元素，按"Ctrl+Shift+S"打开"缩放和旋转"对话框，如图 4-74 所示，等比例缩放设置为 300%，然后点击"确定"按钮，再适当调整位置，最后创建传统补间，将第 202 帧和第 238 帧进行衔接，如图 4-75 所示。

图 4-68　显示所有素材的不同位置　　　　　图 4-69　时间轴的编辑状态

图 4-70　创建补间动画　　　　　　　　　图 4-71　制作前景动画

图 4-72　绘制老虎模糊效果　　图 4-73　设置老虎的位置　　　　图 4-74　"缩放和旋转"对话框

（16）选择"舞台"中所有图层的第 276 帧插入关键帧，在第 295 帧插入关键帧，选择该帧所有动画元素调整右移，然后创建传统补间，将第 276 帧和第 295 帧进行衔接，完成的右移镜头效果如图 4-76

所示。在"前景"、"前景1"、"老虎"、"背景"、"太郎"这五个图层的第308帧插入关键帧，选择该帧所有动画元素，按"Ctrl+Shift+S"组合键，打开"缩放和旋转"对话框，将其比例缩小至形成图4-77所示的拉镜头效果。

（17）删除图层"太郎"第308帧内的角色造型，然后将库中的图形元件"龙子太郎1"拖入"舞台"。执行"修改"→"变形"→"水平翻转"命令将"舞台"内的角色造型翻转，再稍做调整，如图4-78所示。

（18）选择所有图层并依次在它们的第338帧、第363帧插入关键帧，选择该帧所有元素，按"Ctrl+Shift+S"打开"缩放和旋转"对话框，将比例放大至形成图4-79所示的推镜头效果，并创建传统补间。

（19）在第384帧插入关键帧，接着在第422帧插入关键帧，选择该帧所有动画元素调整右移，然后创建传统补间，完成的效果如图4-80所示。

图4-75　制作老虎近景效果

图4-76　右移镜头效果一

图4-77　拉镜头效果

图4-78　水平翻转效果

图4-79　推镜头效果

图4-80　右移镜头效果二

（20）在所有图层的第443帧插入关键帧，将该帧的所有动画元素进行缩小处理，在所有图层的第494帧插入关键帧，选择该帧所有动画元素并缩小、右移，完成的效果如图4-81所示。选择"吼声"图层的第572帧按"F7"键插入关键帧，在该帧内绘制表现风的线条，如图4-82所示。

> 提示：图层的重复使用虽然方便了文件的管理和修改，但是一个图层往往会被用来制作多个动画，对于喜欢把图层按其作用命名的用户来说这确实是一个问题，在关键帧上命名可以解决这个问题。

（21）选择刚刚绘制的线条，将其转为图形元件"风"，然后进入编辑状态，在第3帧插入关键帧，第4帧插入一般帧，并把该帧内的线条向下移动，调整图形到图4-83所示的位置。

（22）新建"变暗"图层，选择第593帧插入空白关键帧，在其"舞台"内绘制图4-84所示的黑色矩形。

将黑色矩形的"A"值在颜色面板中设置为"0%"，选择第614帧插入关键帧，将黑色透明度在颜色面板中设置为"40%"，右键单击第593帧和第614帧之间的任意一帧，创建形状补间，制作矩形颜色变化动画，如图4-85所示。

（23）在"前景"、"前景1"、"老虎"、"背景"、"太郎"这五个图层的第630帧插入关键帧，继续在第649帧插入关键帧，选择该关键帧所有动画元素，按"Ctrl+Shift+S"组合键，打开"缩放和旋转"对话框，将其比例放大至图4-86所示效果，然后创建两帧的传统补间。

图4-81 缩小画面效果

图4-82 绘制表现风的线条

图4-83 制作风的动态变化

图4-84 绘制矩形

图4-85 制作矩形颜色变化动画

图4-86 放大画面效果

（24）在"前景1"、"老虎"、"背景"这三个图层的第666帧插入关键帧，并将这三帧的动画元素整体拉大至图4-87所示的效果。选择"老虎"图层的第668帧插入关键帧，按"Ctrl+Shift+S"组合键，打开"缩放和旋转"对话框，输入缩放比例130%，特写画面如图4-88所示。

（25）在"老虎"图层的第677帧插入关键帧，将图形元件"老虎"往"舞台"下方适当移动，至图4-89所示位置。选择"老虎"图层，继续在第694帧插入关键帧，将图形元件"老虎"移至"舞台"区域以外。最后创建传统补间，完成的老虎跳跃效果如图4-90所示。

（26）选择"前景"图层和"吼声"图层的第720帧插入空白关键帧，然后在"前景1"、"老虎"、"背景"、"太郎"这四个图层的第720帧插入关键帧，将这四个图层的动画元素缩小至合适比例，以将镜头切换到龙子太郎，如图4-91所示。

（27）选择"太郎"图层的第732帧插入关键帧，然后在属性面板中单击交换元件按钮，弹出图4-92

所示的对话框，接着选择对话框列表内的"太郎特效"，然后单击"确定"按钮。"太郎特效"的图形是事先在 Photoshop 中处理好，然后导入 Flash 制作成图形元件的。

图 4-87　继续放大画面效果

图 4-88　特写画面

图 4-89　移动老虎的位置

图 4-90　制作老虎跳跃的动画

图 4-91　将镜头切换到龙子太郎

图 4-92　"交换元件"对话框

提示：Flash 动画的制作过程中为了表现不同的变化需要经常修改角色的形态，"交换元件"命令可以使新的元件处于被替换元件的原始坐标。

（28）图形元件交换后图层中的元件换成了"太郎特效"，点击"修改"→"变形"→"水平翻转"

将“舞台”内的角色造型翻转，再调整其大小，预览龙子太郎躲闪的动画，如图 4-93 所示。

（29）选择“老虎”图层的第 735 帧插入关键帧，将库中的图形元件“老虎特效”拖入“舞台”，预览老虎扑向龙子太郎的动画，如图 4-94 所示。

（30）选择“前景 1”、“老虎”、“背景”、“太郎”这四个图层的第 780 帧插入关键帧，将这四个图层的动画元素缩小至合适比例，接着将“老虎”图层的图形元件“老虎特效”交换为“老虎”并进行水平翻转，将“太郎”图层的图形元件“太郎特效”交换为“龙子太郎 1”。效果如图 4-95 所示。

（31）在“太郎”图层的第 835 帧插入关键帧，选择图形元件“龙子太郎 1”，在属性面板中单击交换元件按钮，在弹出的对话框中选择图形元件“纵身”，然后单击“确定”按钮，再适当调整位置，效果如图 4-96 所示。

（32）在“太郎”图层的第 853 帧插入关键帧，将库面板中的图形元件“腾空”拖入“舞台”，并将 场景 1 中“老虎”图层调整到“太郎”图层的下面，如图 4-97 所示。选择“太郎”图层的第 880 帧插入关键帧，将库中图形元件“龙子太郎 3”拖入“舞台”，打虎效果如图 4-98 所示。

图 4-93 龙子太郎躲闪的动画

图 4-94 老虎扑向龙子太郎的动画

图 4-95 切换镜头效果

图 4-96 角色纵身特效

图 4-97 调整图层顺序

图 4-98 打虎效果

（33）选择“前景 1”、“老虎”、“背景”这三层的第 880 帧插入关键帧，然后选择图形元件“老虎”，点击“修改”→“变形”→“水平翻转”将“舞台”内的角色造型翻转，调整这三个图层的动画元素，切换镜头效果如图 4-99 所示。在“前景 1”、“老虎”、“背景”、“太郎”这四个图层的第 945 帧插入关键帧，将这四个图层的动画元素放大至合适比例，如图 4-100 所示。

（34）选择“老虎”、“太郎”这两个图层的第 949 帧插入关键帧，将图形元件“老虎”、“龙子太郎”

在"舞台"中的位置往上适当移动。接着选择这两个图层的第949帧到第952帧，单击右键"复制帧"，并粘贴到第953帧，然后复制这两个图层的第946帧到第960帧，粘贴到第961帧，接着粘贴到第977帧，最后粘贴到第993帧，如图4-101所示。

（35）在"前景1"、"老虎"、"背景"、"太郎"这四个图层的第1028帧插入关键帧，将这四个图层的动画元素放大至合适比例，并重新调整位置，如图4-102所示。选中第1028帧的图形元件"老虎"，连续按"Ctrl+B"把元件分离，使用刷子工具 ![刷子] 绘制老虎流血画面，如图4-103所示。

图4-99　切换镜头效果

图4-100　放大镜头

图4-101　复制粘贴帧操作

图4-102　放大镜头效果

图4-103　绘制老虎流血画面

提示：把元件转换为图形的方法是直接按快捷键"Ctrl+B"。

（36）把所有图层的帧都延长到第1100帧，时间轴效果如图4-104所示。

（37）按"Ctrl+S"组合键对文件进行保存，文件名字为"龙子太郎"，然后发布动画以进行测试，最终效果如图 4-105 所示。

图 4-104　时间轴效果

图 4-105　本例最终效果

✏️ [知识链接] 逐帧动画

　　逐帧（frame-by-frame）动画，是一种常见的动画形式，它的原理是在连续的关键帧中分解动画动作，也就是每一帧中的内容不同，连续播放而成动画，这是最基本的动画形式，由于逐帧动画的每一帧都是独一无二的图片，对于需要细微变化的复杂动画来说，这种形式是很理想的。它的优势很明显，它很适合用于表现很细腻的动画，如实现 3D 效果、人物或动物急剧转身等效果。

　　1）逐帧动画在时间轴上的表现形式

　　在时间轴上逐帧绘制帧内容形成的动画形式称为逐帧动画，由于是一帧一帧地画，所以逐帧动画有很大的灵活性，几乎可表现任何内容。逐帧动画在时间轴上表现为连续出现关键帧，如图 4-106 所示。

图 4-106　逐帧动画在时间轴上的表现

2）创建逐帧动画的几种方法

用导入的静态图片建立逐帧动画：用 jpg、png 等格式的静态图片连续导入 Flash，就会建立一段逐帧动画。

绘制矢量逐帧动画：用鼠标或压感笔在场景中一帧帧地画出帧内容。

文字逐帧动画：用文字作为帧中的元件，实现文字跳跃、旋转等特效。

指令逐帧动画：在时间轴面板上，逐帧写入动作脚本语句来完成元件的变化。

导入序列图像：可以导入 gif 序列图像、swf 动画文件或者利用第三方软件产生的动画序列。

3）绘图纸功能

绘图纸是一个帮助定位和编辑动画的辅助功能，这个功能对制作逐帧动画特别有用。通常情况下，Flash 在"舞台"中一次只能显示动画序列的单个帧。使用绘图纸功能后，你就可以在"舞台"中一次查看两个或多个帧了。图 4-107 所示的是使用绘图纸功能后的场景，可以看出，当前帧中内容用全彩色显示，其他帧内容以半透明显示，这使所有帧内容看起来好像是画在一张半透明的绘图纸上，这些内容相互重叠在一起。

绘图纸各个按钮（见图 4-108）的介绍如下：

（1）"绘图纸外观"按钮：按下此按钮后，在时间轴的上方，出现绘图纸外观标记。拉动外观标记的两端，可以扩大或缩小显示范围。

（2）"绘图纸外观轮廓"按钮：按下此按钮后，场景中显示各帧内容的轮廓线，填充色消失，特别适合观察对象轮廓，另外可以节省系统资源，加快显示过程。

（3）"编辑多个帧"按钮：按下后可以显示全部帧内容，并且可以进行多帧同时编辑。

（4）"修改标记"按钮：有两个选项，"总是显示标记"选项是会在时间轴标题中显示绘图纸外观标记，无论绘图纸外观是否打开；"锚定绘图纸"选项是会将绘图纸外观标记锁定在它们在时间轴标题中的当前位置。

图 4-107　同时显示多帧内容的变化

图 4-108　绘图纸按钮

✎ [知识链接] 元件动画

（1）执行"文件"→"新建"→"新建文档"命令，将"舞台"的背景色调整为深蓝色（#000066）。新建名为"星星闪烁"的图形元件，如图4-109所示，进入元件的编辑状态。

（2）选择多角星形工具 ⊙，如图4-110所示，然后单击属性面板中的"选项"按钮，打开"工具设置"对话框，在"样式"的下拉菜单中选择"星形"，如图4-111所示。

图4-109 创建新元件

图4-110 选择多角星形工具

图4-111 "工具设置"对话框

（3）在"舞台"中绘制五角星，设置填充颜色为白色，如图4-112所示。分别在第6帧和第10帧插入关键帧，并选择第6帧内的图形，使用任意变形工具 ▦ 将其缩小，如图4-113所示。选择第1帧和第10帧之间的所有帧创建形状补间，效果如图4-114所示。

图4-112 绘制五角星，填充白色

图4-113 调整星星的大小

图4-114 创建形状补间

（4）返回 ▣ 场景1，将库中的图形元件"星星闪烁"拖入"舞台"，将图层1中的帧延长到第10帧，如图4-115所示。依次对"舞台"中的多个元件实例进行复制，并调整疏密、大小，效果如图4-116所示。

（5）选择其中的一个元件实例，打开属性面板，将颜色设置为黄色，如图 4-117 所示。用同样的方法，将"舞台"中其他实例的颜色效果，如亮度、色调等重新调整，使每个实例的颜色都不同，如图 4-118 所示。

图 4-115　延长到第 10 帧

图 4-116　复制元件实例效果

图 4-117　调整单个实例的颜色

图 4-118　调整所有实例的颜色

（6）调整实例播放的帧数。选择一个元件实例，打开属性面板，在图 4-119 所示的下拉菜单中选中"循环"，将帧数改为"5"，意思是实例动画从元件内部的第 5 帧开始播放。继续选择另一个元件实例，选中"循环"，将帧数改为"9"，如图 4-120 所示，这个实例动画从元件内部的第 9 帧开始播放。

图 4-119　调整单个实例的动画播放帧数

图 4-120　调整另一个实例的动画播放帧数

用相同的方法，将"舞台"中其他元件实例的循环播放帧数重新设置为从第 1 帧到第 10 帧之内的任意帧数。按"Ctrl+Enter"组合键发布动画以进行测试，最终效果如图 4-121 所示。

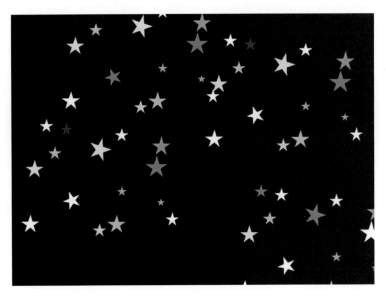

图 4-121　本例效果

实训五

实训名称：Flash 网络短片设计。

实训目的：了解 Flash 网络短片的制作流程和设计要领，掌握 Flash 网络短片的设计技巧与方法，学会独立完成制作。

实训内容：自选一个成语故事，并请参考图 4-122 所给出的《任重道远》分镜画面，结合所学的内容进行成语故事短片设计制作练习。

实训要求：至少设计两个角色，每个角色必须有两个基本造型，同时短片中的场景要表现出三个角度。角色要有配音，字幕要求完整。

实训步骤：设计角色造型；制作出场景；创建动画；制作字幕；添加声音。

实训向导：角色动画一般多使用逐帧动画，多运用绘图纸相关功能调整动画的衔接和流畅性。

图 4-122　动画《任重道远》的分镜画面

第五章
Flash 网络广告设计

✏️ （任务概述）

通过学习 Flash 网络广告设计制作，读者可了解 Flash 网络广告特点与设计要点，掌握 Flash 网络广告的设计规律和制作技巧。

✏️ （能力目标）

对 Flash 网络广告有初步认识，并能把握广告作品结构的完整性。

✏️ （知识目标）

理解 Flash 网络广告的设计原则和制作原理，并能灵活运用 Flash 制作网络广告。

✏️ （素质目标）

具备自学能力，能用多种表现方式进行网络广告制作。

第一节　Flash 网络广告设计基础

一、Flash 网络广告概述

用 Flash 可进行商业宣传，将产品信息随 Flash 不知不觉地传递给网络消费群体，对消费群体产生潜移默化的影响。相比传统的广告和公关宣传，通过 Flash 进行产品宣传有着信息传递效率高、消费群体接受度高、宣传效果好的显著优势。

Flash 推广产品可以做到艺术性与商业性充分地结合，要想将这种结合做好，首先要详尽了解推广的产品的特性，关注产品的优势，做好 Flash 网络广告的准备工作，然后思考如何将客户需求和 Flash 结合得恰到好处。

（1）深刻了解客户的意图和广告最终目标。

（2）抓住一个正确的创意点，由此延展开来，充分发挥想象，从多个角度考虑。

（3）仔细审视最终的创意是否能正确体现产品或客户的意图。

一旦创意确定，就可以进入真正的实施阶段，用不同的表现形式来考虑画面的效果。

网络广告的发展正随着网络使用的规范而日渐正规。各站点或广告代理机构也把为客户广告获得点击率作为主要目的。广告主的广告被充分点击，站点才能延续广告经营，而广告设计本身也可以作为站点的盈利项目之一。

二、Flash 网络广告的特点与设计要领

（1）重视广告的原创性，给观众呈现新颖的信息和信息传递方式。要在众多的广告中脱颖而出，凸

显广告个性，达到最佳效果，就必须赋予网络广告独一无二的原创性。

（2）网络广告的风格要简洁，广告画面要做到重点突出、主次分明，在简单中表达关键思想。网络广告中的信息只有尽可能简单化，才更容易被广告受众理解和接受。

（3）强调广告的艺术性表现原则，有了绝妙的立意和构思后，应仔细思考如何将图像、声音、文字、色彩、版面、图形等元素进行艺术性的组合设计。无论是静态还是动态的广告，都应具有有艺术美感的造型、独特的构图、和谐而鲜明的色彩等元素。对比、巧妙变形、形态重叠、重复组合、移花接木、隐形构成、淡入淡出等，都是经常使用的艺术手法，其目的就是在瞬间改变人们正常的感觉习惯，感染、打动每一位受众，艺术性突出广告对象的核心价值。

第二节　链接式横幅广告设计

横幅（即 banner）广告是网络广告中的一种形式，定位在网页上，尺寸小，画幅窄长。banner 广告的文字不能太多，用一句话表达即可，即便配合图形也不能太复杂。文字尽量使用较粗壮的字体，否则在视觉上容易被网页上的其他内容"淹没"。图形尽量选择局部小图，颜色数少，不使用晕边等复杂的特技图形效果，否则会大大增加图形所占的空间。

banner 广告的外围框最好用深色，因为有很多站点不为 banner 广告对象加上轮廓，这样，如果 banner 广告内容都集中在中央，四周过于空白而融于页面底色，则降低了 banner 广告的吸睛程度。

一、案例分析

本例是为网游《圣地之战》制作 banner 广告，该 banner 广告属于文本链接式，主要制作文字的动画效果，在制作的过程中要把握好版面、色彩、动画流畅的整体效果，制作流程大体分为五步，即制作背景、输入文本、编辑静态效果、制作文字的动画效果和局部调整。

二、操作步骤

（1）新建文件，参数设置为宽 800 px、高 600 px，背景色为白色，其他选项均使用默认。保存为名为"Banner 广告"的 fla 格式的文件。

（2）将图层 1 命名为"背景"，选择矩形工具 ▣ 绘制一个与文档画布同样大小的矩形，如图 5-1 所示。打开颜色面板，选择"径向渐变"类型，重新调整颜色变化，并用颜料桶工具进行填充，效果如图 5-2 所示。

（3）新建"圣地之战"图层，并选择文本工具 Ⓣ 输入文本"圣地之战"，具体参数与效果如图 5-3 所示。选择当前文本，连续按"Ctrl+B"键 2 次将文本分离，转换为可任意编辑的图形状态。在颜色面板中选择"线性渐变"类型，同时调整颜色变化并填充。输入浅黄色"sheng di zhi zhan"文本。效果如图5-4所示。

（4）选择图形，在菜单中选择"修改"→"转换为元件"（快捷键为"Ctrl+F8"），弹出"转换为元件"对话框，更改元件名为"圣地之战"，元件类型为"影片剪辑"，如图5-5所示。进入元件编辑状态，将四个文字分别进行组合，如图5-6所示。

图5-1　绘制矩形

图5-2　进行径向渐变填充

图5-3　输入文本

图5-4　处理文本的填充并输入拼音文本

图5-5　转换为元件

图5-6　将四个文字分别进行组合

（5）在第3帧插入关键帧，选择"圣"字，按2次键盘上的"↑"键，上移字的位置，如图5-7所示。

在第 5 帧插入关键帧,选中"圣"字按 2 次键盘上的"↓"键,进行位置还原。选择"地"字,按 2 次
键盘上的"↑"键,上移该字的位置,如图 5-8 所示。继续在第 7 帧插入关键帧,选中"地"字按 2 次
键盘上的"↓"键,进行位置还原。选择"之"字,按 2 次键盘上的"↑"键,上移该字的位置,如图 5-9
所示。接着在第 9 帧插入关键帧,选中"之"字按 2 次键盘上的"↓"键,进行位置还原。选择"战"字,
按 2 次键盘上的"↑"键,上移字的位置,如图 5-10 所示。

（6）新建"广告语 1"图层,并选择文本工具输入文本"全面升级新版本",具体参数与效果如图 5-11
所示。

（7）选择当前文本,在菜单中选择"修改"→"转换为元件"（快捷键为"Ctrl+F8"）,弹出"转
换为元件"对话框,更改元件名为"广告语 1",元件类型为"影片剪辑"。鼠标选中三个图层的第 80 帧,
单击右键选择"插入帧",将三个图层中的帧延长至第 80 帧,如图 5-12 所示。

图 5-7　上移"圣"字　　　图 5-8　上移"地"字　　　图 5-9　上移"之"字　　　图 5-10　上移"战"字

图 5-11　输入文本"全面升级新版本"

图 5-12　延长至 80 帧

（8）制作文字渐显的效果。在图层"广告语 1"的第 6 帧插入关键帧,返回第 1 帧,将对象移至"舞台"

的上方，在属性面板上将"色彩效果"→"样式"中第1帧的"广告语1"元件"Alpha"值设定为"0%"，而第6帧的"Alpha"值保持100%不变。右键单击第1帧和第6帧之间的任意一帧，设定传统补间动画。元件呈现出逐渐显现的效果，如图5-13所示。

（9）依次在第8帧、第10帧插入关键帧，并将第8帧对象的位置略微往上移，如图5-14所示。继续在第12帧、第16帧、第18帧插入关键帧，将第16帧的对象比例拉大，并右键单击第12帧和第18帧之间的任意一帧，设定传统补间动画，元件呈现出缩放的效果，如图5-15所示。

（10）在第20帧、第24帧插入关键帧，如图5-16所示，并将第24帧对象的位置往右平移至文档的右侧，在属性面板上将"色彩效果"→"样式"中第24帧的元件"Alpha"值设定为"0%"。右键单击第20帧和第24帧之间的任意一帧，设定传统补间动画。元件呈现出从右出画的渐隐效果，如图5-17所示。

图5-13 制作文字渐显的效果

图5-14 移动文字位置　　　　　　　　　　图5-15 制作文字的缩放效果

图5-16 插入关键帧　　　　　　　　　　图5-17 制作文本的渐隐效果

（11）新建"广告语2"图层，在第25帧按"F7"键插入空白关键帧，并选择文本工具输入文本"最新热门网游邀您加入"，注意每个字分开输入，具体参数与效果如图5-18所示。

（12）选择当前文本，在菜单中选择"修改"→"转换为元件"（快捷键为"Ctrl+F8"），弹出"转换为元件"对话框，更改元件名为"广告语2"，元件类型为"影片剪辑"。在第32帧插入关键帧，并将第 32 帧对象的位置往左平移，同时在属性面板上将"色彩效果"→"样式"中的"Alpha"值设定为"0%"。右键单击第 25 帧和第 32 帧之间的任意一帧，设定传统补间动画。元件呈现出从左入画的逐渐显现的效果，如图 5-19 所示。

（13）在第 60 帧、第 70 帧插入关键帧，并将第 70 帧对象的比例适当放大，同时在属性面板上将"色彩效果"→"样式"中的"Alpha"值设定为"0%"。右键单击第 60 帧和第 70 帧之间的任意一帧，设定传统补间动画。元件呈现出放大的渐隐效果，如图 5-20 所示。

图 5-18 输入文本"最新热门网游邀您加入"

图 5-19 创建"广告语 2"的入画效果

图 5-20 创建"广告语 2"的放大渐隐效果

（14）给广告语设计颜色的变化效果。新建"色块"层，在第 32 帧插入关键帧，在第 60 帧按"F7"键插入空白关键帧，且在第 32 帧中，选择工具箱中的矩形工具 □ 再绘制红色的矩形，其大小要能覆盖下一层的对象。效果如图 5-21 所示。

（15）在第 46 帧、第 59 帧插入关键帧。在第 32 帧中，将矩形大部分进行删除，仅仅保留左边的部分，如图 5-22 所示。在第 59 帧中，仅仅保留矩形右边的部分，如图 5-23 所示。

（16）在第 32 帧和第 59 帧之间创建形状补间，如图 5-24 所示。新建"文字"图层，按"F7"键在第 60 帧插入空白关键帧，在第 32 帧插入关键帧，将"广告语 2"图层第 32 帧中的对象"最新热门网游邀您加入"进行复制，并在"文字"图层第32帧的"舞台"区域选择"粘贴到当前位置"进行原位复制，如图5-25所示。

（17）选择当前对象，连续按"Ctrl+B"键2次将文本分离，转换为可任意编辑的图形状态，如图5-26所示。右键单击"文字"图层，选择"遮罩层"，这时"文字"图层和"色块"图层会变成遮罩层与被遮罩层的关系，如图5-27所示。

（18）控制菜单选择测试影片，观看最终的广告效果，如图5-28所示。

图 5-21　绘制红色矩形

图 5-22　保留矩形左边部分

图 5-23　保留矩形右边部分

图 5-24　创建形状补间

图 5-25　原位复制文本

图 5-26　分离文本

图 5-27　创建文本的遮罩效果

图 5-28　本例最终效果

✏ [知识链接] 遮罩动画

1. 遮罩动画的概念

遮罩动画是 Flash 中的一个很重要的动画类型，很多效果丰富的动画都是通过遮罩动画来完成的。在 Flash 的图层中有一个遮罩图层类型，为了得到特殊的显示效果，可以在遮罩层上创建一个任意形状的"视窗"，遮罩层下方的对象可以通过该"视窗"显示出来，而"视窗"之外的对象将不会显示。

在 Flash 动画中，"遮罩"主要有两种用途：一是用在整个场景或一个特定区域，使场景外的对象或特定区域外的对象不可见；一是遮罩住某一元件的一部分，从而实现一些特殊的效果。

2. 创建遮罩的方法

1）创建遮罩

在 Flash 中没有一个专门的按钮来创建遮罩层，遮罩层其实是由普通图层转化得到的。你只要在某个图层上单击右键，在弹出菜单中选择"遮罩层"，使命令的左边出现一个小勾，该图层就会生成遮罩层，图层图标就会从普通层图标 变为遮罩层图标 ，系统会自动把遮罩层下面的一层关联为被遮罩层，在缩进的同时被遮罩层图标变为 。如果想关联更多被遮罩层，只要把这些图层拖到被遮罩层下面就行了，如图 5-29 所示。

图 5-29　遮罩多个图层

2）构成遮罩层和被遮罩层的元素

遮罩层中的图形对象在播放时是看不到的，遮罩层中的内容可以是按钮元件、影片剪辑元件、图形元件、位图、文字等，但不能是线条，如果一定要用线条，可以"将线条转化为填充"。被遮罩层中的对象只能透过遮罩层中的对象被看到。被遮罩层可使用按钮元件、影片剪辑元件、图形元件、位图、文字等内容。

3）遮罩层与被遮罩层中可以使用的动画形式

可以在遮罩层、被遮罩层中分别或同时使用形状补间动画、动作补间动画、引导线动画等动画手段，从而使遮罩动画变成一个可以施展无限想象的创作空间。

3. 应用遮罩时的技巧

应用遮罩的基本原理是透过遮罩层中的对象看到被遮罩层中的对象及其属性（包括它们的变形效果），但是遮罩层中的对象的许多属性如渐变色、透明度、颜色和线条样式等却是被忽略的。要在场景中显示遮罩效果，可以锁定遮罩层和被遮罩层，在被遮罩层中不能放置动态文本。

4. 文本逐渐显示效果制作

（1）新建文件，参数设置为宽 550 px、高 400 px，背景色为白色（#FFFFFF），其他选项均使用默认。将图层 1 改名为"文字"，单击选择工具箱中的文本工具 [T]，在"舞台"中输入"Flash 网络广告设计与制作"，在属性面板中设置文字参数，效果如图 5-30 所示。

（2）新建"形状变化"图层，使用矩形工具 ▢ 在文本的左边绘制图 5-31 所示的矩形。在第 30 帧插入关键帧，并使用任意变形工具 [X] 将矩形调整至图 5-32 所示的效果。

图 5-30　输入文本

（3）右键单击"形状变化"图层，选择"遮罩层"。当前图层和"文字"图层会转换为遮罩与被遮罩的关系，效果如图 5-33 所示。

图 5-31　绘制矩形

图 5-32　编辑矩形

图 5-33　遮罩效果

第三节 网络产品广告设计

产品广告的主要目的是通过动感变幻的方式向观众传递商品信息，一般产品广告的位置很醒目，因其突变而产生丰富的效果。那么，如何把握短暂的动画时间在观众心中留下深刻的印象？重点是要表现出产品的特点，如款式、工艺、性能等。

一、案例分析

本例为一汽大众的汽车广告，从汽车的造型、制作工艺、性能等多角度来展现产品的特点，通过图片的剪辑、动画的节奏控制、质感的表现以及音效的处理，制作出适合主题的炫酷视觉效果。本例制作分为三大部分：首先制作汽车出现的效果，然后分块介绍汽车的各个特点，最后出现汽车标志的动画以进行点题。演示画面如图 5-34 所示。

图 5-34　本例的演示画面

二、操作步骤

（1）执行"文件"→"新建"命令，新建文件。参数设置为宽 800 px、高 600 px，背景色为黑色，其他选项均使用默认。保存为名为"汽车广告"的 fla 格式的文件。

（2）执行"文件"→"导入"→"导入到库"命令，打开"导入到库"对话框，选择要导入的三张 png 格式的素材，如图 5-35 所示，单击"打开"按钮，将三张图片导入到库中。库中显示每个图片文件都自动生成一个图形元件，共有三个图形元件。为了方便使用和元件管理，将三个图形元件的名字依次改为"企业"、"汽车 1"和"汽车 2"，如图 5-36 所示。

（3）新建"汽车"图层，将库面板中的元件"汽车 1"拖曳至"舞台"中，调整至图 5-37 所示的大小，在第 15 帧中插入关键帧，选中第 1 帧中的对象，在属性面板的"色彩效果"中，将"Alpha"设置为"0%"。右键单击第 1 帧和第 15 帧之间的任意一帧，创建传统补间。元件呈现出逐渐显现的效果，如图 5-38 所示。

（4）将当前图层的帧延长至第275帧。新建"模糊汽车"图层，在第15帧插入空白关键帧，并将库面板的元件"汽车2"拖曳至"舞台"中，如图5-39所示，调整位置与大小，将属性面板中的"Alpha"设置为40%。在第25帧插入关键帧，选择帧内的对象，将属性面板中的"Alpha"设置为10%，在第15帧和第25帧之间创建传统补间。完成后效果如图5-40所示。

图5-35　将图片素材导入到库

图5-36　修改素材名字

图5-37　将"汽车1"拖曳至"舞台"中

图5-38　制作汽车渐显效果一

图5-39　将"汽车2"拖曳至"舞台"中

图5-40　制作汽车渐显效果二

（5）将这段动画复制两遍，选中第15帧至第25帧，单击右键，在弹出的菜单中选择"复制帧"，如图5-41所示。右键单击第26帧，在弹出的菜单中选择"粘贴帧"，如图5-42所示。第一段动画便复制完毕，使用同样的方法继续复制，时间轴中的帧如图5-43所示。

（6）在第60帧插入关键帧，设置位置与大小，如图5-44所示，在第47帧和第60帧之间创建传统补间，如图5-45所示。

图 5-41　复制帧

图 5-42　粘贴帧

图 5-43　将第一段动画再复制一遍后的时间轴

图 5-44　设置对象的位置与大小

图 5-45　创建动画

（7）在"模糊汽车"图层的第61帧中插入空白关键帧，接着在"汽车"图层上新建"耀光形状"图层，并在第61帧中插入空白关键帧，在当前帧中使用绘图工具在汽车高光部位上绘制图形，填充任意颜色，如图5-46所示。

（8）在"耀光形状"图层下新建"耀光动画"图层，接着在第61帧插入空白关键帧，使用矩形工具▣绘制一个白色矩形，适当变形，如图5-47所示。

（9）选中该矩形，点击"窗口"→"颜色"打开颜色面板，设定为"线性渐变"。多增加几个不同透明度的白色，效果如图5-48所示。

（10）在第85帧插入关键帧，将矩形移至汽车的右侧，如图5-49所示。继续在第100帧插入关键帧，将矩形移至汽车的左侧，如图5-50所示。在第61帧和第100帧之间创建形状补间，如图5-51所示。

图 5-46　绘制耀光形状

图 5-47　绘制矩形并变形

图 5-48　设定"线性渐变"填充

图 5-49　移动矩形

图 5-50　再次移动矩形

图 5-51　创建动画效果

（11）右键单击"耀光形状"图层，在弹出来的菜单中选择"遮罩层"。这时"耀光形状"图层和"耀光动画"图层会变成遮罩层与被遮罩层的关系，遮罩动画效果如图 5-52 所示。

（12）选择"耀光形状"和"耀光动画"图层的第 101 帧，按"F7"键插入空白关键帧。分别在"汽车"图层的第 100 帧和第 105 帧插入关键帧，将第 105 帧的汽车适当缩小，在第 100 帧和第 105 帧之间创建传统补间，如图 5-53 所示。

（13）制作汽车倒影的效果。在第 106 帧插入关键帧，并对当前对象进行复制，接着点击"修改"→"变形"→"垂直翻转"，在属性面板中设置对象"Alpha"值为 10%，效果如图 5-54 所示。

图 5-52　预览遮罩后的动画效果

图 5-53　创建动画效果

图 5-54　制作汽车倒影效果

（14）在"汽车"图层下方新建"底色"图层，并在第106帧插入空白关键帧，选择矩形工具 □ 绘制与"舞台"重合的黑色矩形（宽800 px，高600 px），如图5-55所示。

（15）在"底色"图层第120帧中插入关键帧，选中矩形，打开颜色面板，设定"径向渐变"。对默认的黑白渐变进行调整。选中矩形，再次单击颜色面板渐变条下方的色标设定两端色彩，左边控制点设置浅蓝色，右边设定为深蓝色，衬托出画面的主体——汽车。在第100帧和第105帧之间创建传统补间，实现矩形由黑色到蓝色的渐变效果，如图5-56所示。

（16）新建"线1"图层，在第121帧插入空白关键帧，选择线条工具 [线条工具图标] 在"舞台"中绘制多根直线，如图5-57所示。

（17）在"线1"图层上新建"线1遮罩"图层，在第121帧插入空白关键帧，选择绘图工具在"舞台"中绘制蓝色矩形，如图5-58所示。

图 5-55 绘制黑色矩形 · · · · · · · · · · · · · 图 5-56 制作底色的变化效果

图 5-57 绘制直线

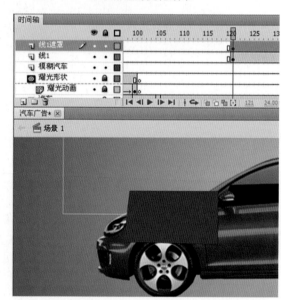

图 5-58 绘制蓝色矩形

在第125帧插入关键帧，调整"舞台"中的矩形，继续在第132帧插入关键帧，再次调整"舞台"中的矩形，在第137帧插入关键帧，编辑矩形至完全覆盖下一图层的线条，如图5-59所示。

（18）在第121帧和第137帧之间创建形状补间，完成动画效果制作。右键单击"线1遮罩"图层，选择下拉菜单中的"遮罩层"。这时"线 1 遮罩"图层和"线 1"图层会变成遮罩层与被遮罩层的关系。由此制作出线条渐渐出现的效果，如图 5-60 所示。

（19）新建"色块"图层，在第 138 帧插入空白关键帧，选择矩形工具在"舞台"中绘制矩形，填充颜色为白色，"Alpha"值为 20%，如图 5-61 所示。继续在第 144 帧插入关键帧，将矩形拉大，在第 138 帧和第 144 帧之间创建形状补间，如图 5-62 所示。

第 125 帧的图形

第 132 帧的图形

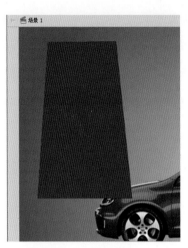
第 137 帧的图形

图 5-59　矩形的多次变形

图 5-60　设定形状补间并创建遮罩效果

图 5-61　绘制白色矩形

图 5-62　创建矩形的动画效果

（20）新建"广告文本1"图层，在第145帧插入空白关键帧，在"舞台"中输入文本，激活"舞台"中的文本，并在文本面板中调整文本属性，为了增强文本的层次感，将文本复制一个，颜色调整为黑色，并移至图5-63所示的位置。紧接着输入余下说明性文本，并且调整文本字号、字体及颜色，如图5-64所示。

（21）新建"遮罩1"图层，在第145帧插入空白关键帧，选择矩形工具 □ 在"舞台"中绘制任意颜色矩形，如图5-65所示。在第155帧插入关键帧，激活当前对象，用任意变形工具 ▨ 将矩形拉大至覆盖下层文本的尺寸，如图5-66所示。继续在第170帧和第180帧插入关键帧，激活第180帧的对象，用任意变形工具 ▨ 将矩形缩小至第145帧的尺寸，如图5-67所示。在第145帧和第155帧之间创建形状补间，同时在第170帧和180帧之间创建形状补间。

图 5-63　输入文本并调整属性　　　　　　　　　　　图 5-64　输入说明性文本

图 5-65　绘制任意颜色矩形　　　　　图 5-66　拉大矩形　　　　　图 5-67　缩小矩形

（22）右键单击"遮罩1"图层，选择下拉菜单中的"遮罩层"。这时"遮罩1"图层和"广告文本1"图层会变成遮罩层与被遮罩层的关系。由此制作出广告文本渐显的效果，如图5-68所示。

（23）选择"色块"图层的第180帧，在第180帧和第186帧插入关键帧，将第186帧内的矩形缩小，在第180帧和第186帧之间创建形状补间，接着在第187帧插入空白关键帧，同时也在"广告文本1"图层的第180帧插入空白关键帧，制作出的色块出画的效果如图5-69所示。

（24）先对"线1遮罩"图层解锁，接着在第187帧和第194帧插入关键帧，将第194帧的对象激活，移至图5-70所示的位置，在第187帧和第194帧之间创建形状补间。将"线1遮罩"图层锁定，预览遮罩后的效果，最后在这个图层及其下一图层的第195帧插入空白关键帧，创建遮罩效果，如图5-71所示。

图5-68　创建文本的渐显效果　　　　　　　　　图5-69　制作色块出画的效果

图5-70　移动遮罩矩形位置　　　　　　　　　图5-71　创建遮罩效果

（25）制作第二段广告文本以动态形式逐渐出现的动画，由于制作方法和第一段文本是一样的，这里就不再重复。第二段广告文本的效果如图5-72所示。

（26）新建"黑屏"图层，在第262帧插入空白关键帧，选择矩形工具绘制与"舞台"重合的黑色矩形（宽800 px，高600 px），在颜色面板中，将"A"值设置为"0%"，接着在第275帧插入关键帧，设置为"A"值为100%的黑色，在第262帧和第275帧之间创建形状补间，制作出画面渐渐变暗的效果，如图5-73所示。

（27）新建"企业"图层，在第276帧插入空白关键帧，将库中名为"企业"的元件拖曳至"舞台"中，效果如图5-74所示。继续在第285帧插入关键帧，按"Ctrl+Alt+S"组合键打开"缩放和旋转"对话框，将缩放值设置为"70"，即以对象的中心点为缩放中心缩小70%。在第276帧和第285帧之间创建形状补间。效果如图5-75所示。

（28）在第286帧插入关键帧，选择文本工具，输入文本"一汽．大众"，调整文本属性，如图5-76所示。接下来为了保证第285帧和第286帧的衔接自然流畅，要将两帧同时显示进行检查。点击时间轴下方的"编辑多个帧"按钮，看到第 285 帧和第 286 帧同时被显示，发现两帧的内容错位，如图 5-77 所示。需要移动位置至两帧的内容重合，重合之后的效果如图 5-78 所示。

图 5-72　第二段广告文本的动画效果

图 5-73　制作画面渐暗的效果

图 5-74　拖曳"企业"元件至"舞台"

图 5-75　制作企业标志出现的效果

图 5-76　输入文本

图 5-77　编辑多个帧

Flash网络设计与制作（第二版）

（29）动画部分全部完成后，给动画添加音效。执行"文件"→"导入"→"导入到库"命令，打开"导入到库"对话框，选择"sound1"、"sound2"和"sound3"这三个mp3声音文件导入，新建"音乐1"图层，将库面板中的"sound1"拖曳至"舞台"中，声音就以音波的形式出现在图层的时间轴上，如图5-79所示。

（30）新建"音乐2"图层，在第102帧插入空白关键帧，将库面板中的"sound2"添加到图层的时间轴上，如图5-80所示。

（31）新建"音乐3"图层，将库面板中的"sound3"添加到第1帧中，为动画开头添加音效，如图5-81所示。在第274帧插入空白关键帧，再次将"sound3"添加到这一帧，为动画结尾添加音效，如图5-82所示。将第308帧之后的帧全部删除，如图5-83所示。

图5-78　两帧对位之后的效果

图5-79　添加音乐"sound1"

图5-80　添加音乐"sound2"

图5-81　添加开头音效"sound3"

图5-82　添加结尾音效"sound3"

图5-83　删除多余的帧

（32）按"Ctrl+Enter"组合键，发布影片，观看汽车广告的最终效果，如图5-84所示。

图 5-84　汽车广告最终效果

✏ ［知识链接］耀光特效制作

（1）新建文档，设置文件大小为550像素×400像素，背景色为黑色。执行"插入"→"新建元件"命令，新建一个图形元件，名称为"我是闪客一族"。单击选择工具箱中的文本工具 **T**，在"舞台"中输入"我是闪客一族"六个字，在属性面板中设置文字参数，如图5-85所示。

（2）选中字体，单击右键，连续单击2次"分离"，把字体打散，再选择颜料桶工具 🖌，把字体中心填充成红色。文字效果如图5-86所示。

（3）执行"插入"→"新建元件"命令，新建一个图形元件，名称为"辉光"。执行"窗口"→"颜色"命令，打开颜色面板，设置类型为线性渐变，将颜色条下的三个色标全部设置为白色，第一个和第三个的"A"值为"0%"，中间的为"80%"，接着在"舞台"中画一个无边框矩形，如图5-87所示。

图 5-85　输入文本并设置参数

图 5-86　分离文本并填充红色

图 5-87　渐变填充设置及绘制矩形

（4）单击时间轴右上角的 ⟪场景1 按钮，切换到主场景，将图层 1 改名为"底层文字"，在第 35 帧处单击右键插入帧，如图 5-88 所示，这一层起显示文字的作用。

（5）新建一个名为"辉光"的图层，从库面板中把"辉光"元件拖到"舞台"中，确定起点位置，如图 5-89 所示。放在"我是闪客一族"元件实例的左边。选择任意变形工具 ⟪⟫，将鼠标放在"辉光"元件实例的任意一个角，拖动鼠标旋转一定角度，使"辉光"元件实例产生一定的倾斜度。在第 35 帧处添加关键帧，在第 35 帧处把"辉光"元件实例拖到"我是闪客一族"元件实例的右边，如图 5-90 所示，在第 1 帧和第 35 帧之间建立动作补间动画。

（6）新建一个名为"遮罩层"的图层，先复制"底层文字"图层的对象，然后选择"遮罩层"的第 1 帧，并在"舞台"区域单击右键执行"粘贴到当前位置"命令。继续选中"遮罩层"，并单击鼠标右键，选择"遮罩层"创建遮罩，如图 5-91 所示。

图 5-88　延长帧至第 35 帧

图 5-89　确定起点位置

图 5-90　确定终点位置

提示：在遮罩动画中，遮罩层只显示外框形状变化，不显示颜色的变化。

（7）"我是闪客一族"这个动画已经完成，按"Ctrl+Enter"组合键发布动画以进行测试，最终效果如图5-92所示。

图5-91　创建遮罩　　　　　　　　　　　　　　　　图5-92　本例效果

实训六

实训名称：电子产品广告设计。

实训目的：了解网络产品广告设计的流程，理解网络产品广告的设计要领，掌握网络产品广告的制作方法和技巧。学会独立完成产品广告设计。

实训内容：为某一电子产品制作网络广告，展示产品的特点。

实训要求：从多角度展现电子产品的特点，如产品的质感、产品的造型、产品的功能等。

实训步骤：首先对广告结构进行构思，准备好图片素材和声音素材，接着对构图和界面进行草图设计，然后进行分段制作，最后添加音效、背景音乐和进行局部调整。

实训向导：模拟读者的视角进行制作，在一定的时间内，用简洁的画面表现出该产品的特点。图5-93所示为参考实例画面。

图5-93　电子产品广告画面参考

第六章
Flash 交互相册设计

🖊 〔任务概述〕

通过对本章进行学习，读者可了解 Flash 交互相册的概念与设计要点，掌握 Flash 简单相片集、主题相册的制作方法与技巧。

🖊 〔能力目标〕

对 Flash 交互相册有一个较全面的认识，并能把握作品结构的完整性。

🖊 〔知识目标〕

了解 Flash 交互相册的特点，理解 Flash 交互相册的设计原则和制作原理，并掌握用 Flash 制作交互相册的技能技巧及相关要求。

🖊 〔素质目标〕

具备自学能力，能对 Flash 交互相册进行不同形式的实践练习。

第一节　Flash 交互相册设计基础

Flash 交互相册的形式多种多样，内容包罗万象，学会制作精美的 Flash 交互相册，理解交互相册的制作结构和原理，就可以独立完成诸如作品集、家庭影集、求职介绍、产品推介等的设计。

一、交互相册的特点

（1）交互相册设计内容包括版面、背景动画、相册标题、按钮组、相册显示区、背景音乐，以及编写交互代码等。

（2）交互相册可与 Photoshop 结合使用，所使用的图片素材均可在 Photoshop 中进行调整和编辑。

（3）交互相册版面中的构图安排应主次分明，功能明确，遵循形式美法则。

（4）在相册中加入具有基本功能的音乐播放器，可对背景音乐进行控制。

（5）Flash 交互相册的最大优势是具有交互功能。可自由选择图片，利用按钮欣赏某一相片，也可选择背景音乐的播放方式等。

二、交互相册的设计要领

（1）作品应该以新颖的版面设计和色彩搭配来吸引读者的视线，同时交互相册的各部分功能应明确，整体效果应协调统一。

（2）交互相册的互动一定不能出现错误，因为这是交互相册与纸质相册相比显示出的最大优势，在制作之前，要先确定相册的结构与内容，这样才能避免制作中出现错误。

第二节　相片集设计与制作

一、案例分析

本例是一个由四张图片组成的简单电子相册，在制作的过程中要把握好互动控制的正确性，演示画面如图 6-1 所示。

图 6-1　本例演示画面

制作流程：首先导入四张图片素材；然后制作按钮组合，包括底图和隐形按钮；接着制作相片集及动态显示效果；最后给按钮添加互动控制。

本例交互相册以清晰的图片素材和简单的互动向读者展示动态相册效果。

二、操作步骤

（1）新建文件。设置"宽"为 800 px，"高"为 600 px，"背景颜色"为白色，其他选项均使用默认，参数设置如图 6-2 所示。保存为名为"电子相册 1"的 fla 格式的文件。

（2）选择图层 1，将其改名为"按钮组"，然后按"Ctrl+R"组合键导入四张图片素材，效果如图 6-3 所示。

图 6-2　参数设置　　　　　　　　　　　图 6-3　导入四张图片素材

（3）将导入的四张图片重新调整尺寸和排列，效果如图 6-4 所示。选择矩形工具 ▣ 在"舞台"上绘制灰色（#999999）的矩形，其大小可覆盖四张图片，效果如图 6-5 所示。

（4）按钮组的底图处理好后，制作相对应的隐形按钮。按"Ctrl+F8"组合键新建名为"隐形"的按钮元件，并进入其编辑状态，选择矩形工具 ▣ 在"舞台"上绘制任意颜色的矩形，效果如图 6-6 所示。将"弹起"状态的关键帧移至"点击"状态，效果如图 6-7 所示。

图 6-4　重新排列　　　　　　　　　　　　　　　　　图 6-5　绘制灰色矩形

图 6-6　绘制任意颜色矩形

图 6-7　移动矩形所在关键帧状态

（5）返回 场景 1，将库中的名为"隐形"的按钮元件拖曳到"舞台"内，如图 6-8 所示。用任意变形工具 调整隐形按钮的大小，并将其覆盖在第一张图片之上，如图 6-9 所示。

（6）将这个隐形按钮连续复制出三个，分别覆盖在第二至四张图片上，如图 6-10 所示。

（7）按"Ctrl+F8"组合键新建一个名为"相片"的影片剪辑元件，进入其编辑状态，在库中将之前导入的四张图片素材拖入工作区，在属性面板中将每张图片的大小重新调整为"宽"800 px，"高"600 px，效果如图 6-11 所示。

（8）打开对齐面板，选择上对齐和左分布，将四张相片完全重叠，如图 6-12 所示。依次在第 2 ～ 4 帧按"F7"键插入空白关键帧，并按照顺序分别将这四张图片剪切并原位粘贴到相应的帧中，效果如图 6-13 所示。

图 6-8　拖曳按钮元件至"舞台"

图 6-9　调整按钮位置

图 6-10　调整所有按钮位置

图 6-11　创建"相片"元件

图 6-12　编辑素材至完全重叠

图 6-13　将素材放置到相应的帧中

（9）选择图层 1 的第 1 帧，按"F9"键打开"动作－帧"面板，在面板内输入代码"stop();// 停止"，效果如图 6-14 所示；依次选择第 2～4 帧，在"动作－帧"面板中输入相同的代码"stop();// 停止"。图层 1 中的四个关键帧，因添加代码而出现相应的变化，如图 6-15 所示。

（10）按"Ctrl+F8"组合键新建名为"相片效果"的影片剪辑元件，进入其编辑状态，将库中已经制作好的"相片"元件拖入工作区，如图 6-16 所示。点击图层 1 的第 15 帧，按"F5"键延长帧，效果如图 6-17 所示。

（11）新建"图层 2"图层，使用矩形工具 ▢ 在"舞台"上绘制浅白色的矩形，其大小可覆盖"图层 1"中的元件，效果如图 6-18 所示。在"图层 2"的第 15 帧按"F6"键插入关键帧，选择该帧内的白色矩形，打开颜色面板，将"A"值调为"0%"，效果如图 6-19 所示。

图 6-14　为第 1 帧添加代码

图 6-15　添加代码后关键帧显示变化

图 6-16　创建"相片效果"元件

图 6-17　延长帧

（12）在"图层 2"第 1 帧和第 15 帧之间创建形状补间，效果如图 6-20 所示，分别在第 1 帧和第 15 帧添加代码"stop();"。返回 场景 1，新建名为"相片集"的图层，并将库中的"相片效果"元件拖入工作区，与"舞台"的大小重合，如图 6-21 所示。

（13）要给影片剪辑元件命名，选择"舞台"中的"相片效果"元件，打开属性面板，在影片剪辑元件的实例名称处输入"mc"，效果如图6-22所示。双击"舞台"中的"相片效果"元件，进入其编辑状态，选择"舞台"中的"相片"元件，打开属性面板，在影片剪辑元件的实例名称处输入"photo"，效果如图6-23所示。

图 6-18　绘制浅白色矩形

图 6-19　插入关键帧并设置颜色

图 6-20　创建形状补间

图 6-21　将"相片效果"元件拖入"舞台"

图 6-22　为"相片效果"命名

图 6-23　为"相片"命名

（14）返回 场景1，选择"按钮组"中的第一个隐形按钮，按"F9"键打开"动作－帧"面板，输入以下控制代码（见图6-24）：

```
on (release) {
    _root.mc.gotoAndPlay(2);
    _root.mc.photo.gotoAndStop (1);
}
```

这是实现帧与帧之间的跳转命令和场景根目录命令。

（15）给第二个隐形按钮添加控制代码（见图6-25）：

```
on (release) {
    _root.mc.gotoAndPlay (2);
    _root.mc.photo.gotoAndStop (2);
}
```

图6-24　为第一个隐形按钮添加代码

图6-25　为第二个隐形按钮添加代码

（16）依次给第三个、第四个按钮添加以下代码（见图6-26和图6-27）：

```
on (release) {
    _root.mc.gotoAndPlay(2);
    _root.mc.photo.gotoAndStop(3);
}
on (release) {
    _root.mc.gotoAndPlay(2);
    _root.mc.photo.gotoAndStop(4);
}
```

图6-26　为第三个隐形按钮添加代码

图6-27　为第四个隐形按钮添加代码

（17）按"Ctrl+Enter"组合键发布影片，最终效果如图 6-28 所示。

图 6-28　最终效果

✎ [知识链接] 按钮的创建

按钮元件是 Flash 的基本元件之一，它具有多种状态，并且会响应鼠标实际执行指定的动作，是实现动画交互效果的关键对象。按钮有特殊的编辑环境，通过在时间轴上四个不同状态的帧中创建关键帧，可以指定不同的按钮状态，如图 6-29 所示。

"弹起"帧：表示鼠标指针不在按钮上时的状态。

"指针经过"帧：表示鼠标指针在按钮上时的状态。

"按下"帧：表示鼠标单击按钮时的状态。

"点击"帧：定义对鼠标做出反应的区域，这个反应区域在影片播放时是看不到的。

"点击"帧比较特殊，这个关键帧中的图形将决定按钮的有效范围。它不应该与前三个帧的内容一样，但这个图形应该大到足够包容前三个帧的内容。

根据实际需要，还可以把按钮做成图 6-30 所示的结构。

图 6-29　按钮的四种帧编辑环境

图 6-30　按钮结构

从图 6-30 中可以看到，按钮的三个状态关键帧中，可以放置除按钮本身以外的任何 Flash 对象，其中"状态音效"图层设置了一种音效，"按钮动画"图层使鼠标的不同操作出现不同动画效果，"按钮底图"中可放置不同的图片。

另外，按钮元件还可以设置实例名，从而使按钮成为能被 ActionScript 控制的对象。

在丰富多彩的网络交互动画中，按钮起着举足轻重的作用，下面制作一个精美的按钮。

（1）新建文档，执行"插入"→"新建元件"命令，弹出"创建新元件"对话框，在"名称"文本框中输入"圆形按钮"，如图6-31所示。进入按钮元件的编辑场景，如图6-32所示。

（2）将图层1重新命名为"圆形"，选择这个图层的第1帧（"弹起"帧），利用椭圆工具 ◯ 绘制出图6-33所示的按钮形状。选择"指针经过"帧，按"F6"键插入一个关键帧，并把该帧上的图形重新填充为橄榄绿色，如图6-34所示。

（3）"按下"帧上的图形和"弹起"帧上的图形相同，因此利用复制帧的方法即可得到。先用鼠标右键单击"弹起"帧，在弹出的菜单中选择"复制帧"命令，然后用鼠标右键单击"按下"帧，在弹出的菜单中选择"粘贴帧"命令即可。

（4）选择"点击"帧，按"F7"键插入一个空白关键帧，这里要定义鼠标的响应区。用矩形工具 ▭ 绘制一个矩形，如图6-35所示。

图6-31　新建按钮元件　　　　　　　　图6-32　"圆形按钮"的编辑时间轴

图6-33　"弹起"帧上的图形　　　图6-34　"指针经过"帧上的图形　　　图6-35　"点击"帧上的图形

提示：制作动画效果的按钮，只需要在按钮的"指针经过"状态或"按下"状态中添加动画效果的影片剪辑元件即可。

（5）为了使按钮更实用、更具动感，下面在圆形按钮图形上再增加一些文字特效。创建"文字1"图层，即在"圆形"图层上新建一个图层，并重新命名为"文字1"。在这个图层的第1帧，用文本工具 T 输入"play"，字体颜色为黑色，如图6-36所示。

（6）新建一个名为"文字2"的图层。将"文字1"图层上的文本复制到"文字2"图层的第1帧上。方法是单击选择"文字1"图层上的文本，执行"编辑"→"复制"命令，然后单击选择"文字2"图层的第1帧，执行"编辑"→"粘贴到当前位置"命令即可。除了"文字2"图层，锁定其他图层，然后选择"文字2"图层上的文本对象，按向上方向键和向左方向键各两次，最后将文本的颜色更改为绿色。这样就形成了一个具有立体效果的文本，如图6-37所示。

（7）选择"文字2"图层的第2帧，按"F6"键插入一个关键帧，将这个关键帧上的文本颜色改为蓝色，如图 6-38 所示。

（8）至此，这个按钮元件就制作好了，返回 场景 1，从库面板中将"圆形按钮"元件拖放一个实例到"舞台"上，然后按下"Ctrl＋Enter"组合键测试动画，效果如图 6-39 所示。

图 6-36 创建"文字 1"图层并输入文本　　图 6-37 文本的立体效果　　图 6-38 "指针经过"帧的效果

图 6-39 本例效果

第三节 主题相册设计与制作

一、案例分析

本例的内容是以清晰的图片素材和不同的动画效果，加上互动程序编写，向观众展示主题相册动态交互效果。演示画面如图 6-40 所示。

图 6-40 主题相册演示画面

制作流程：首先设计并制作版面，注意标题、构图、颜色、动画的处理；然后制作按钮组合，包括十个图形按钮和一个带动画的隐形按钮；接着制作相片集和影片剪辑元件的动态效果，分别给多个影片剪辑元件在属性面板中命名；最后给四个隐形按钮添加交互代码。

二、操作步骤

（1）执行"文件"→"新建"命令，打开"新建文档"对话框，具体参数设置如图 6-41 所示，单击"确定"按钮。保存为名为"我的家乡"的 fla 格式的文件。

（2）选择图层 1，将其改名为"版面"，然后按"Ctrl+R"组合键导入一张名为"背景图"的图片素材，效果如图 6-42 所示。

（3）选择矩形工具□，配合椭圆工具○绘制图 6-43 所示的图形，并填充由橘黄色至橘红色的渐变色。同时选择椭圆工具○，配合白色的渐变填充，为图形增加细节效果。

（4）制作月亮的朦胧效果。按"Ctrl+G"组合键创建一个组。选择椭圆工具○配合"Shift"键绘制一个正圆，并填充浅黄色。将黑色轮廓线往左下方移，删除轮廓线中的内容，剪切出弯弯月亮的形状，效果如图 6-44 所示。

图 6-41 参数设置

图 6-42 导入素材

图 6-43 绘制渐变版面

（5）执行"修改"→"形状"→"柔化填充边缘"命令，打开"柔化填充边缘"对话框，参数设置如图6-45所示，得到图6-46所示的效果。

（6）按"Ctrl+F8"组合键，创建一个名为"月亮"的影片剪辑元件，进入编辑状态。选择椭圆工具绘制一个正圆形，填充浅黄色，柔化填充边缘，营造月光若隐若现的效果，并在第8帧、第15帧插入关键帧，将第8帧中的图形进行适当的缩小。在第1帧至第15帧之间创建形状补间。效果如图6-47所示。

图6-44　绘制弯弯的月亮

図6-45　"柔化填充边缘"对话框　　　　　　　　图6-46　制作月亮的效果

图6-47　制作月亮的闪耀动画效果

（7）返回 场景1，预览"月亮"元件的效果，在属性面板中将元件的"Alpha"值设置至30%，呈现半透明效果，接着把元件移至背景图的月亮之上。层叠的效果如图6-48所示。

（8）按"Ctrl+F8"组合键，导入十张图片素材至库中，如图6-49所示。新建"按钮"图层，使用矩形工具 绘制白色矩形，接着用选择工具拖曳矩形四个角的编辑点，使其转换为圆角矩形，如图6-50所示。

（9）选择图形，按"F8"键，将图形转为名为"按钮底图1"的影片剪辑元件，进入编辑状态。新建"图层2"图层，把"图层1"移至"图层2"上面。将库面板中素材"1.jpg"移至"舞台"区域，如图6-51

所示。选择"图层1"并单击右键选择"遮罩层"，为图片添加遮罩效果，如图6-52所示。

图6-48　层叠的效果

图6-49　导入十张素材

图6-50　绘制圆角矩形

图6-51　拖曳素材至"按钮底图1"

图6-52　创建遮罩效果

（10）打开库面板，选择"按钮底图1"元件，单击右键，在弹出的菜单中选择"直接复制"命令，弹出"直接复制元件"对话框，复制出名为"按钮底图2"的元件，如图6-53所示。使用同样的方法，再依次连续复制八次元件，如图6-54所示。

（11）从库面板中双击进入"按钮底图2"元件，选择"图层2"中的图片，单击属性面板中的"交换"按钮，打开"交换位图"对话框，在该对话框中选择"2.jpg"，元件中的图片素材就交换了，如图6-55所示。将图层锁定，预览效果，如图6-56所示。按照同样的方法，依次替换其他八个按钮底图的图片素材。

图6-53　将元件复制一次

图6-54　再将元件复制八次

图6-55　交换图片素材

图6-56　替换素材后的效果

（12）回到 场景1 浏览效果，为了使画面颜色统一协调，给按钮底图绘制一个略大的白色圆角矩形，效果如图6-57所示。连续复制出九个矩形，分别移至每个按钮底图的下一层，效果如图6-58所示。为了将十个按钮底图作为一个整体，使画面更具设计感，选择线条工具绘制白色粗线，把十个图形连成一个整体，如图6-59所示。

（13）在"舞台"中绘制与按钮底图同样大小的白色矩形，按"F8"键，将矩形转为名为"隐形按钮"的按钮元件。进入"隐形按钮"编辑状态，将"弹起"状态的关键帧移至"指针经过"状态，如图6-60所示。选择矩形，按"F8"键转为名为"按钮动画"的影片剪辑元件。将矩形的颜色透明度设置为40%，按"F5"键，延长一般帧至第7帧，效果如图6-61所示。

（14）在"图层1"下方新建"图层2"图层，绘制矩形，接着在第4帧、第7帧插入关键帧，并将第4帧中的图形移至图6-62所示的位置。为"图层2"创建形状补间效果，如图6-62所示。

（15）在"图层2"上新建"图层3"图层，运用同样的方法制作与"图层2"同类型的动画，只是在三个关键帧中图形的位置不同，效果如图6-63所示。

图6-57　绘制单个矩形　　　　　图6-58　复制矩形　　　　　图6-59　连接矩形

图6-60　创建"隐形按钮"元件并编辑　　　　　图6-61　将矩形转为影片剪辑元件

图6-62　创建按钮的动画效果

图6-63　创建相类似的动画效果

（16）选择"图层1"，单击右键，在弹出的菜单中选择"遮罩层"，给"图层3"、"图层2"添加遮罩效果，如图 6-64 所示。单击"图层 3"的第 7 帧，按"F9"键打开"动作－帧"面板，输入命令"stop();"，如图 6-65 所示。返回到"隐形按钮"，在第 4 帧中绘制与第 2 帧一样形状的矩形，位置、大小不变，为任意颜色，如图 6-66 所示。

（17）将 mp3 格式的音效文件导入库中，新建"图层 2"，单击"图层 2"的"指针经过"状态，从库中将"Button17.wav"音效文件拖曳到"舞台"，为按钮的第二个状态添加音效，为鼠标移至按钮时添加按钮的声音效果，如图 6-67 所示。返回"场景 1"，预览场景中的隐形按钮效果，如图 6-68 所示。

图 6-64　添加遮罩效果

图 6-65　为按钮的动画效果添加代码

图 6-66　绘制矩形

图 6-67　为按钮添加音效

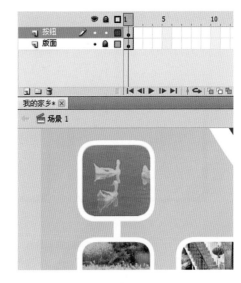

图 6-68　预览隐形按钮效果

（18）新建"相册"图层，选择矩形工具 □ 在"舞台"中绘制图 6-69 所示的矩形，注意属性面板中参数设置。执行"修改"→"形状"→"柔化填充边缘"命令，为矩形添加柔边效果，如图 6-70 所示。

（19）按图 6-71 所示的方法制作"相片集"。再按图 6-72 所示的步骤为相片添加遮罩效果。

（20）创建名为"动态相册"的影片剪辑元件，把库中的"相片集"元件移至"舞台"中，将帧延长至第 8 帧。新建"图层 2"图层，并在"舞台"中绘制与"相片集"同样形状、大小的矩形，如图 6-73 所示。在第 8 帧插入关键帧，将矩形的"Alpha"值设置为"0%"，然后创建形状补间，选择第 8 帧，并按"F9"键打开"动作－帧"面板，输入"stop();"命令，制作"相片集"渐显动画效果，如图 6-74 所示。

图 6-69　绘制圆角矩形

图 6-70　制作矩形的柔边效果

图 6-71　制作"相片集"

图 6-72　创建十张图片的遮罩效果

图 6-73　将"相片集"拖入"动态相册"

图 6-74　制作"相片集"渐显动画效果

（21）返回"场景 1"，将库中的"动态相册"拖曳至"舞台"的合适位置，选择这个元件，在属性面板中命名影片剪辑元件为"mc"，如图 6-75 所示。双击"动态相册"元件，进入其编辑状态，选择"图层 1"中的"相片集"元件，在属性面板中命名影片剪辑元件为"photo"，如图 6-76 所示。

（22）返回 场景 1，选择按钮组中的第一个隐形按钮，按"F9"键打开"动作 – 按钮"面板，输入图 6-77 所示的代码，这个按钮的代码可实现帧与帧之间的跳转命令和场景根目录命令。接着，将写有代码的第一个按钮，依次复制出 9 个，确保每个按钮底图上都覆盖一个隐形按钮，如图 6-78 所示，在复制的过程中，连代码也一并被复制。

图 6-75　为"动态相册"命名

图 6-76　为"相片集"命名

图 6-77　为第一个隐形按钮编写代码

图 6-78　复制隐形按钮

（23）选择第二个隐形按钮，将"动作－按钮"面板中第三行代码中的"（1）"改为"（2）"，即跳转到"相片集"的第2张图片，如图6-79所示。将剩下八个按钮代码的第三行代码中对应"（1）"的位置按照顺序依次改为"（3）"、"（4）"、"（5）"、"（6）"、"（7）"、"（8）"、"（9）"、"（10）"，如图6-80所示。

（24）预览效果，发现画面的右下角有些空，新建"元件1"，进入编辑状态，制作简单的几何形移动动画，如图6-81所示。

（25）添加主题相册的名字"我的家乡"，加上阴影显得层次丰富。按"Ctrl+Enter"组合键发布，观看最终相册效果，如图6-82所示。

图6-79　为第二个隐形按钮编写代码

图6-80　为其他八个按钮编写代码

图6-81　制作"元件1"的动画

[知识链接] 脚本基础

Flash的脚本是软件自带的一种程序代码，利用它可以进行交互性控制，Flash提供了一个专门处理动作脚本的编辑环境，即动作面板。

1）动作面板的组成

动作面板是Flash的程序编辑环境，如图6-83所示。右侧部分是脚本输入区，这是输入代码的区域。左上角部分是动作工具箱，每个动作脚本语言元素在该工具箱中都有一个对应的条目。

图6-82　主题相册最终效果

在动作面板中，左下角为脚本导航器，是fla文件中相关联的帧动作、按钮动作具体位置的可视化表示形式，可以在这里浏览fla文件中的对象以查找动作脚本代码。如果单击脚本导航器中的某一项目，则与该项目关联的脚本将出现在脚本输入区中，并且播放头将移到时间轴上的该位置。

2）添加动作脚本

可直接在脚本输入区中编辑动作、输入动作参数或删除动作，还可双击动作工具箱中的某一项或单击脚本输入区上方的"将新项目添加到脚本中"按钮 ⊕，向脚本输入区添加动作。

如果想定义一个按钮的动作脚本，该按钮用来控制影片播放，那么需要先选中这个按钮，然后切换到"动作－帧"面板，在动作工具箱中展开"全局函数"，选择"影片剪辑控制"类别，双击该类别下的"on"动作，这样脚本输入区中就自动出现相应的on动作脚本，并且屏幕上同时还弹出了关于on动作的参数提示菜单，如图6-84所示。

图6-83　动作面板

图6-84　添加on动作

双击参数提示菜单中的某一个参数，比如"press"，接着输入"{"，然后再切换到动作工具箱，展开"全局函数"中的"时间轴控制"类别，双击这个类别下面的"play"动作，这时，在脚本输入区中会出现一个新的命令，再输入一个"}"，最后单击脚本输入区上方的"自动套用格式"按钮 ≣，将脚本输入区中的脚本变得更清楚一些，完成效果如图6-85所示。

3）关于代码提示

在动作面板中编辑动作脚本时，Flash可以检测到正在输入的动作并显示代码提示，即包含该动作完整语法的工具提示，或列出可能的方法或属性名称的弹出菜单。精确输入或命名对象时，会出现参数、属性和事件的代码提示，这样，动作脚本编辑器就会知道要显示哪些代码提示，如图6-86所示。脚本输入区上面有一个"显示代码提示"按钮 ，在编辑动作脚本时，随时单击这个按钮也可以显示代码提示。

图6-85　完成的动作脚本

4）检查语法和标点

要彻底弄清编写的代码是否能像预期的那样运行，就需要发布或测试文件。不过，不必退出 fla 文件就能迅速检查动作脚本代码，语法错误列在"编译器错误"面板中，如图 6-87 所示。还可以检查代码块两边的小括号、大括号或中括号（数组访问运算符）是否齐全。 在动作面板中，可以用以下两种方法检查语法：单击脚本输入区上方的"语法检查"按钮 ✔；在动作面板中，按"Ctrl+T"组合键。

图 6-86　代码提示　　　　　　　　　　　　　图 6-87　编译器错误报告

实训七

实训名称：设计主题相册。

实训目的：了解 Flash 交互相册的特点和设计要领，掌握交互相册的结构和交互原理，学会独立制作交互相册。

实训内容：收集并整理个人的静态设计作品，制作以"个人作品集"为主题的交互相册。

实训要求：主题相册设计的内容包括标题设计、界面设计、按钮组制作、动态相片集制作、制作交互链接和编代码。

实训步骤：首先对相册结构与界面进行草图设计；然后收集个人作品素材；接着制作界面和按钮组；继续制作动态相片集；最后进行交互链接和编写代码。

实训向导：强调主题相册的整体效果，画面风格应统一，界面设计可参考图 6-88 所示。

图 6-88　相册界面参考

第七章
Flash 网页设计

✎ （任务概述）

通过对本章进行学习，读者可了解 Flash 网页设计的概念，掌握 Flash 导航栏、Flash 下拉菜单、Flash 个人站点的设计与制作方法。

✎ （能力目标）

对 Flash 网页设计有初步认识，并能把握网页结构的完整性，为 Flash 网站设计奠定基础。

✎ （知识目标）

了解 Flash 网页设计的特点，掌握设计网页界面的结构和原理，并能灵活运用 Flash 制作网页。

✎ （素质目标）

具备自学能力，能从不同的切入点进行 Flash 网页的设计与制作。

第一节　Flash 网页设计基础

网页是企业或者个人向网友提供信息、产品消息和服务的一种联络平台，是企业开展电子商务的基础和重要渠道，企业的网址被称为企业无形资产的组成部分，而网页是在因特网上宣传和展示企业形象和理念的重要窗口。优秀的网页可以吸引网友的目光，尤其是网站的首页显得极其重要。Flash 不仅是一款矢量图形编辑和动画创作软件，同时也常用来开发、设计、制作整体的网站。用 Flash 制作的网页不仅色彩变化丰富，而且有很强的动感，特别适合进行网页设计创作。

一般来说，网站包括以下几部分。

（1）首页：网站的门面，代表企业的形象，应该特别注重设计和规划。

（2）框架页：网站的主要结构页面，又称首页或内页，大型网站往往以框架页为首页。

（3）普通页：网站主要承载信息的页面，设计要求不高，但要求链接准确、文字无误、图文并茂，并沿袭网页的风格。

（4）弹出页：用于广告、新闻、消息、到其他网站的链接等，一般使用很少。

综上所述，从功能上来看，首页主要承担着树立企业形象的作用，所以一个好的网页设计可以给企业增辉添彩、树立企业形象，并达到广告的预期效果。

一、Flash 网页的特点

对于传统的 html 格式的网页来讲，网页的制作要做到：在目标明确的基础上，完成网站的构思创意和总体设计方案，对网站的整体风格和特点做出定位，规划好网站的颜色和结构。使用 Flash 进行网页设计时，首先需要明确网页的主题、企业的标志、网页的风格等，然后要做的就是将想法和理论经过鼠标和键盘付诸实践，最后要注意的是，Flash 网页的制作可以有一定的随意性，不需要局限于传统网页制作的思路中。

二、Flash 网页的设计要领

Flash 网页设计需要讲究色彩的搭配和结构的安排。虽然网页的设计不同于 Flash 动画设计，但是它们也有许多相似之处，我们应该充分利用它们的共同点并加以大胆想象，将它们的不同点进行结合，在制作的时候要表现出色彩的和谐与清晰。此外，页面的排版效果也可以在制作的过程中进行随机调整和修改。

第二节 Flash 下拉菜单设计与制作

一、案例分析

下拉菜单一般用于网页的导航栏，通过导航栏的链接才能进入二级页面，甚至三级页面。下拉菜单的形式很丰富，但其结构原理和制作方法大同小异。只要理解并学会一个案例的制作，就可以在此基础上制作出丰富多样的下拉菜单。制作流程分为四步：首先制作四个导航栏；然后制作四个下拉菜单的动画效果并输入文本，同时编辑静态效果；接着添加导航栏按钮；最后为影片剪辑元件命名，并添加代码。

二、操作步骤

（1）新建文件，参数设置为宽 500 px、高 400 px，背景颜色为深灰色（#666666），其他选项均使用默认。保存为名为"下拉菜单"的 fla 格式的文件。

（2）执行"文件"→"导入"→"导入到库"命令，打开"导入到库"对话框，选择要导入的四张 png 格式的图片素材，如图 7-1 所示，单击"打开"按钮，将四张图片导入到库中。可以看到库中显示，每个图片文件都自动生成一个图形元件，共有四个图形元件。将四个图形元件的名称依次改为"a1"、"a2"、"a3"和"a4"，如图 7-2 所示。

（3）分别进入元件"a1"、"a2"、"a3"和"a4"的编辑状态，预览画面，效果如图 7-3 所示。

（4）将场景 1 中的"图层 1"改名为"menu"，并在"舞台"中编辑图 7-4 所示的主菜单内容。

（5）按"Ctrl+F8"组合键新建名为"an"的按钮元件，进入编辑状态，在"指针经过"帧插入空白关键帧，然后选择工具箱中的矩形工具▣在"舞台"上绘制白色（"Alpha"值为20%）矩形，如图7-5所示。

（6）按"Ctrl+F8"组合键新建名为"an1"的按钮元件，进入编辑状态，在"指针经过"帧插入空白关键帧，然后选择工具箱中的矩形工具▣在"舞台"上绘制蓝色的矩形，并将帧延长至"点击"状态，效果如图7-6所示。

图7-1　导入图片素材

图7-2　修改自动生成元件的名称

图7-3　元件"a1"、"a2"、"a3"和"a4"的效果

图7-4　编辑主菜单

（7）返回🎬场景1，在"menu"图层下新建"b1"图层，在第一个栏目下方绘制浅灰色横长矩形，如图7-7所示。选择矩形，将矩形转换为影片剪辑元件"b1"，如图7-8所示。进入元件编辑状态，如图7-9所示。

（8）在第10帧中插入关键帧，并将矩形往下方拉伸，在第1帧和第10帧之间创建形状补间，呈现

矩形逐渐显现的效果，如图7-10所示。

（9）新建"图层2"图层，在第10帧插入空白关键帧，将库面板中的元件"a1"拖曳至"舞台"中，调整至图7-11所示的大小，将两个图层的帧延长至第30帧。

（10）在"图层2"第15帧中插入关键帧，选中第10帧的对象，将"Alpha"值设置为"0%"。在第10帧和第15帧之间创建传统补间，创建渐显效果，如图7-12所示，并将当前图层的帧延长至第275帧。

图7-5　创建按钮"an"并绘制矩形

图7-6　创建按钮"an1"，绘制蓝色矩形并延长帧

图7-7　绘制横长矩形

图7-8　转换为元件

图7-9　元件编辑状态

图7-10　创建矩形渐显效果

图7-11　编辑"a1"

图7-12　创建渐显效果

（11）在"图层1"上新建"图层3"图层，并在第15帧插入空白关键帧，将库面板中的元件"an1"连续拖曳四个，放置到"舞台"中，调整位置和尺寸，大小正好覆盖下拉菜单中的文字，如图7-13所示。

（12）新建"图层5"图层，在第30帧插入空白关键帧，同时选中第1帧和第30帧，按"F9"键打开"动作－帧"面板添加代码"stop();"，如图7-14所示。

（13）在库面板中，直接将元件"b1"复制为"b2"、"b3"和"b4"。接着双击元件"b2"，进入"b2"的编辑状态，将"图层2"中"a1"逐渐显现的效果替换为"a2"逐渐显现的效果。使用同样的方法，将"b3"的动画替换为"a3"逐渐显现的效果，将"b4"的动画替换为"a4"逐渐显现的效果。效果如图7-15所示。

（14）返回 场景1 ，新建"b2"、"b3"和"b4"图层，分别将库面板中的元件"b2"、"b3"和"b4"拖曳至相应的图层中，如图7-16所示。

图7-13 拖曳"an1"至"舞台"

图7-14 添加代码

图7-15 修改元件"b2"、"b3"和"b4"的效果

图7-16 拖曳元件"b2"、"b3"和"b4"至场景1的图层中

（15）选择"舞台"中的元件"b1"，在属性面板中设定名字为"b1"，这里的命名要与动作面板中的代码名字保持一致。使用同样的方法，依次给元件"b2"、"b3"和"b4"在属性面板中命名为"b2"、"b3"和"b4"，如图7-17所示。

（16）新建"botton"图层，将库面板中的隐形按钮"an"拖曳至"舞台"中，调整位置和尺寸，大小正好覆盖导航栏的"学校概况"，如图7-18所示。

（17）选择当前按钮"an"，按"F9"键打开"动作 – 按钮"面板添加图 7-19 所示的代码。

图 7-17　分别给四个影片剪辑元件命名

图 7-18　给"学校概况"添加按钮

图 7-19　为按钮添加代码

（18）将当前按钮复制出三个，分别覆盖在导航栏文字"学科建设"、"发展规划"和"合作交流"之上。在复制按钮的同时，代码也一并被复制，分别调整这三个按钮中的代码，如图 7-20 所示。

（19）按"Ctrl+Enter"组合键发布影片，效果如图 7-21 所示。

复制按钮

给"学科建设"添加代码

给"发展规划"添加代码

给"合作交流"添加代码

图 7-20　给另外三个导航菜单添加代码

图 7-21　下拉菜单的效果

第三节　个人站点设计与制作

个人站点可作为学生向企业展示的窗口，学生可以将优秀作品以网站的形式进行汇总展示，还可以通过网站的框架结构设计、页面设计等信息，间接传达个人性格特点与设计理念。因此，做好个人站点设计的重要性是显而易见的。

完成网页设计要做到定位明确、风格统一、构思巧妙、色调协调、布局合理、使用方法得当等。运用Flash 制作网站要注意页面的灵活性。个人站点的特点是布局简洁明了，色彩鲜艳，图文并茂。

使用 Flash 进行个人站点制作，首先需要明确主题、网页的风格等，其次需要讲究主页设计的色彩搭配和结构安排。虽然网页的设计不同于 Flash 动画设计，但是它们之间有许多相似之处。

一、案例分析

本例属于个性化的个人作品展示站点，能将之前章节的案例进行链接加载，是一个展示窗口，能将所有的优秀作品分类，以动态加互动的形式进行推广与展示。

Flash 站点的制作采用了很多链接形式，在制作时要注意几点：第一，要多考虑运用影片剪辑元件，每个影片剪辑元件的命名要条理清楚；第二，为场景外的文件加载命令时，要注意层级关系；第三，要灵活运用相对路径的链接形式，尽量减小文件的大小以便网站快速运行。

本例将页面的结构大致分成不同的板块，然后在不同的图层中对它们进行绘制编辑，在版面设计完成后对网页中的按钮、广告和信息等部分再进行逐一的调整。

首先制作四个导航栏；然后制作四个下拉菜单的动画效果，输入文本，并编辑静态效果；继续添加导航栏按钮；最后为影片剪辑元件命名并添加代码。

二、操作步骤

（1）在本地计算机中选择一个路径，新建名为"个人站点"的文件夹，这个文件夹就像一个仓库，将整个站点需要的素材和后面要制作的 fla 格式、swf 格式的动画文件都集中存放在其中，如图 7-22 所示。

（2）新建文件，参数设置为宽 900 px、高 600 px，其他选项均使用默认。保存为名为"主页"的fla 格式的文件。

（3）打开"导入到库"对话框，选择要导入的两个声音素材和四个图片素材，单击"打开"按钮，如图 7-23 所示。库中显示每个图片素材都自动生成一个相应的图形元件，共有四个图形元件，将文件重新命名，并将全部导入生成的素材放置到库面板中，如图 7-24 所示。

图 7-22 "个人站点"文件夹

图 7-23 导入素材 　　　　　　　　　　　　　　　　　图 7-24 库面板中的素材

（4）将图层 1 改名为"背景"，将库面板中的元件"底纹"拖曳至"舞台"中，如图 7-25 所示，调整位置和尺寸，大小正好覆盖了文档的底色。为红色底纹增加深浅变化的效果，使用矩形工具绘制四个细长矩形，并进行线性渐变填充，效果如图 7-26 所示。

（5）新建"版式 1"图层，使用矩形工具█在"舞台"中心的位置绘制带有立体效果的较小矩形，用灰色填充，绘制白色与黑色的轮廓线，如图 7-27 所示。

（6）将两个图层的帧延长至第 35 帧，在"版式 1"图层第 4 帧插入关键帧，用任意变形工具█将矩形拉至图 7-28 所示的尺寸，并在第 1 帧和第 4 帧之间创建形状补间，呈现矩形变大的效果。在第 5 帧、第 6 帧插入关键帧，将第 5 帧的矩形略缩小，如图 7-29 所示。

（7）新建"版式 2"图层，在第 7 帧插入空白关键帧，使用矩形工具█在"舞台"的左边绘制图 7-30 所示的竖长矩形。在第 10 帧插入关键帧，用任意变形工具█将矩形拉至图 7-31 所示的尺寸。在第 7 帧和第 10 帧之间创建形状补间，呈现矩形变宽的效果，如图 7-31 所示。

图 7-25 添加"底纹"元件 　　　　　　　　　　　　　　图 7-26 制作效果

图 7-27　绘制较小矩形

图 7-28　拉大矩形

图 7-29　编辑矩形

图 7-30　绘制竖长矩形

（8）新建"版式 3"图层，在第 10 帧插入空白关键帧，使用矩形工具▭在"舞台"的左边绘制矩形，如图 7-32 所示。在第 13 帧插入关键帧，用任意变形工具▨将矩形拉至图 7-33 所示的尺寸，在第 10 帧和第 13 帧之间创建形状补间，呈现矩形变宽的效果。

（9）新建"主题"图层，在第 13 帧插入空白关键帧，将库面板中的元件"主题"拖曳至"舞台"中，调整位置和尺寸，同时将属性面板中的"Alpha"值设置为 40%，效果如图 7-34 所示。在第 16 帧插入关键帧，用任意变形工具▨将元件拉至图 7-35 所示的尺寸，在第 13 帧和第 16 帧之间创建传统补间。

图 7-31　创建形状补间

（10）新建"logo"图层，在第 13 帧插入空白关键帧，将库面板中的元件"logo"拖曳至"舞台"中，调整位置和尺寸，同时将属性面板中的"Alpha"值设置为 40%，效果如图 7-36 所示。在第 16 帧插入关键帧，用任意变形工具 将元件拉至图 7-37 所示的尺寸，在第 13 帧和第 16 帧之间创建传统补间。

图 7-32　绘制横长矩形

图 7-33　拉大矩形并创建形状补间

图 7-34　编辑"主题"的效果

图 7-35　调整"主题"元件并创建传统补间

（11）创建"图片动画"影片剪辑元件，进入元件编辑状态，执行"文件"→"导入"→"导入到舞台"命令，将三张风景图片导入"舞台"。在属性面板中设置宽为 400 px，高为 800 px，效果如图 7-38 所示。

（12）分别在第 15 帧、第 30 帧插入关键帧，并将帧延长至第 45 帧，接着把三张素材图片分别置入第 1 帧、第 15 帧、第 30 帧，单击时间轴下方的"编辑多个帧"按钮，将没有重合的三张图片移动位置至完全重合，如图 7-39 所示。

（13）新建"图层 2"图层，选择矩形工具 ，绘制与下层完全重合的黑色矩形，如图 7-40 所示，在第 5 帧、第 10 帧、第 15 帧插入关键帧。选择第 5 帧、第 10 帧的矩形，在颜色面板中将"A"值设置为"0%"，并在第 1 帧和第 5 帧之间、第 10 帧和第 15 帧之间创建形状补间，如图 7-41 所示。

图 7-36 编辑"logo"的效果

图 7-37 调整"logo"元件并创建传统补间

图 7-38 导入三张图片

图 7-39 图片的编辑

图 7-40 绘制黑色矩形

图 7-41 为第一张素材图片创建形状补间

（14）选择第1帧至第15帧，单击右键，在弹出的菜单中选择"复制帧"，分别选择第15帧、第30帧，单击右键，在弹出的菜单中选择"粘贴帧"，将这段动画连续复制两次，如图7-42所示。

（15）返回场景1，新建"动画1"图层，在第16帧插入空白关键帧，将库中元件"图片动画"拖曳至"舞台"中，调整至图7-43所示的位置和尺寸。

（16）新建"动画2"图层，在第16帧插入空白关键帧，绘制白色（"Alpha"值为50%）矩形，调整位置和尺寸至与下层的对象完全重合，如图7-44所示。

在第19帧插入关键帧，用任意变形工具![tool]将对象编辑至图7-45所示的尺寸。在第16帧和第19帧之间创建形状补间，如图7-45所示。

（17）制作导航菜单。新建名为"导航1"的按钮元件。用矩形工具![tool]绘制矩形，选择两种颜色，轮廓线颜色比填充色稍深，输入文本"个人简历"，如图7-46所示。

图7-42 将动画复制两次

图7-43 编辑"图片动画"

图7-44 绘制矩形并调整

图 7-45　为矩形创建形状补间　　　　　　　　　图 7-46　制作"导航 1"的"弹起"帧

（18）在"指针经过"状态帧插入关键帧，激活当前对象，按"Ctrl+Alt+S"组合键打开"缩放和旋转"对话框，将缩放比例设置为 110%，同时在文本下方绘制图 7-47 所示的图形，并将其上移至文本处，这样处理是为了让按钮的每个状态呈现不同的效果。接着在"按下"状态插入空白关键帧，将"弹起"帧中的对象复制，并原位粘贴至"按下"状态帧，如图 7-48 所示。

（19）新建"图层 2"图层，在"指针经过"帧插入空白关键帧，并在库面板中将元件"0 按钮声音"拖曳至"舞台"，给按钮的第二个状态添加音效，如图 7-49 所示。

（20）在库面板中将按钮元件"导航 1"连续复制出三个，重新命名为"导航 2"、"导航 3"和"导航 4"，进入"导航 2"的编辑状态，将"按下"状态帧的文本更改为"设计作品"。采用同样的方法，将"导航 3"中的文本更改为"佳作欣赏"，将"导航 4"中的文本更改为"我的相册"，如图 7-50 所示。

图 7-47　制作"指针经过"帧效果

图 7-48　制作"按下"帧　　　　　　　　　　　图 7-49　添加音效

图 7-50　制作"导航 2"、"导航 3"和"导航 4"

（21）返回场景 1，新建"导航"图层，在第 22 帧插入空白关键帧，将库面板中的按钮元件"导航 1"、"导航 2"、"导航 3"和"导航 4"拖曳至"舞台"中，调整位置和尺寸，如图 7-51 所示。

（22）在"导航"图层下新建"版式 3"图层，在第 19 帧插入空白关键帧，用绘图工具绘制图形，编辑图形至图 7-52 所示的效果，在第 22 帧插入关键帧。在第 19 帧和第 22 帧之间创建形状补间，如图 7-53 所示。

（23）在"导航"图层上新建"遮罩"图层，在第 22 帧插入空白关键帧，用绘图工具绘制图 7-54 所示的绿色矩形。接着在第 25 帧插入关键帧，用任意变形工具编辑图形。在第 22 帧和第 25 帧之间创建形状补间，如图 7-55 所示。

（24）右键单击"遮罩"图层，选择下拉菜单中的"遮罩层"，这时"遮罩"图层和"导航"图层会变成遮罩层与被遮罩层的关系，如图 7-56 所示。

图 7-51　在"舞台"中排列导航菜单

图 7-52　绘制图形

图 7-53　为图形创建形状补间

图 7-54 绘制绿色矩形　　　　　　　　　　图 7-55 创建"遮罩"图层形状补间

（25）新建"版式 5"图层，在第 25 帧插入空白关键帧，用绘图工具绘制图 7-57 所示的竖长矩形，在第 28 帧插入关键帧，用任意变形工具 ▦ 编辑图形至图 7-58 所示的效果，在第 25 帧和第 28 帧之间创建形状补间，如图 7-58 所示。

（26）新建"底图"图层，在第 28 帧插入空白关键帧，将库面板中的图形元件"背景图"拖曳至"舞台"中，调整位置和尺寸，如图 7-59 所示。

（27）新建"动画 3"图层，在第 28 帧插入空白关键帧，绘制如图 7-60 所示的图形。

图 7-56 创建遮罩效果　　　　　图 7-57 绘制竖长矩形　　　　图 7-58 创建形状补间

图 7-59 编辑"背景图"效果　　　　　　　　图 7-60 绘制图形

在第 31 帧插入关键帧，绘制图 7-61 所示的白色图形，继续在第 32 帧插入关键帧，绘制图 7-62 所示的图形。接着在第 34 帧插入关键帧，绘制窄长矩形，并在第 28 帧和第 30 帧、第 31 帧和第 34 帧之间创建形状补间，如图 7-63 所示。

（28）新建"格言"图层，在第 35 帧插入关键帧，并在"舞台"中输入励志格言，文本效果如图 7-64 所示。选择这句格言，按"F8"键将其转为"励志格言"影片剪辑元件，进入元件编辑状态，在第 60 帧插入关键帧，将文本移至文档左边，在第 1 帧和第 60 帧之间创建传统补间，如图 7-65 所示。

（29）新建"图层 2"图层，在"舞台"中绘制图 7-66 所示的矩形，并右键单击"图层 2"，选择下拉菜单中的"遮罩层"显示遮罩效果，如图 7-67 所示。

（30）返回 场景 1 ，给主页的片头动画添加音效。单击"格言"层的第 1 帧，将库面板中的"0 音效"拖曳至"舞台"中，单击"格言"层的第 35 帧，按"F9"键打开动作面板添加代码"stop();"，如图 7-68 所示。

（31）预览页面效果，黄色方框就是加载影片所显示的范围，如图 7-69 所示。

图 7-61 绘制白色图形

图 7-62 再绘制图形

图 7-63 创建形状补间

图 7-64 输入文本

图 7-65 移动文本并创建传统补间

图 7-66 绘制遮罩层的矩形

图 7-67 创建遮罩效果

图 7-68　添加音效和代码

图 7-69　预览效果

提示：片头动画已经完成，接下来要对链接的 swf 文件进行加载。在这个例子中，要加载四个 swf 格式的动画文件，包括个人简历、设计作品、佳作欣赏和我的相册，由于命令的代码只能用英文编写，因此，加载的影片名也只能用英文。

（32）先看看"a"、"b"、"c"和"d"四个文件的 fla 文件，文档中的画面内容所在的位置与主页预留的位置保持一致，如图 7-70 所示。

影片"a"

影片"b"

影片"c"

影片"d"

图 7-70　"a"、"b"、"c"和"d"四个 fla 文件的画面效果

（33）添加代码。选择导航"个人简历"，打开动作面板，编写代码（见图 7-71）：

```
on (release) {
    loadMovie("a.swf", 1);
    unloadMovie(2);
    unloadMovie(3);
    unloadMovie(4);
}
```

意思是当鼠标点击并释放按钮时，加载影片"a.swf"，同时卸载其他三个影片。

（34）选择导航"设计作品"，打开动作面板，编写代码（见图7-72）：

```
on (release) {
    loadMovie("b.swf", 2);
    unloadMovie(1);
    unloadMovie(3);
    unloadMovie(4);
}
```

意思是当鼠标点击并释放按钮时，加载影片"b.swf"，同时卸载其他三个影片。

图7-71　给导航菜单"个人简历"编写代码　　　　图7-72　给导航菜单"设计作品"编写代码

（35）选择导航"佳作欣赏"，打开动作面板，编写代码（见图7-73）：

```
on (release) {
    loadMovie("c.swf", 3);
    unloadMovie(2);
    unloadMovie(1);
    unloadMovie(4);
}
```

意思是当鼠标点击并释放按钮时，加载影片"c.swf"，同时卸载其他三个影片。

（36）选择导航"我的相册"，打开动作面板，编写代码（见图7-74）：

```
on (release) {
    loadMovie("d.swf", 4);
    unloadMovie(2);
    unloadMovie(3);
    unloadMovie(1);
}
```

意思是当鼠标点击并释放按钮时，加载影片"d.swf"，同时卸载其他三个影片。

图 7-73　给导航菜单"佳作欣赏"编写代码

图 7-74　给导航菜单"我的相册"编写代码

（37）按"Ctrl+Enter"组合键发布影片，观看图 7-75 所示的最终效果。

图 7-75　个人站点最终效果

✎　[知识链接] 运用 fscommand 命令

一、fscommand 命令的类型与特点

打开一个 Flash 文件，打开的是一个全屏显示的动画。单击"关闭"按钮后全屏动画关闭。以上这些效果都是靠 fscommand 命令来实现的。以下是 fscommand 主要指令。

全屏播放：fscommand（"fullscreen"，"true"），效果是 Flash Player 播放器将以全屏方式进行影片播放。

屏蔽右键：fscommand（"showmenu"，"false"），效果是在 Flash Player 窗口中点击鼠标右键时，

将不会出现快捷菜单。

禁止影片缩放：fscommand（"allowscale"，"false"），当影片中应用位图时，如果位图被放大或拉伸显示，将会出现图像模糊或锯齿，为了避免这些影响视觉的操作，可以使用此指令禁止影片尺寸被改变。

屏蔽键盘：fscommand("trapallkeys","true")，此命令用于锁定键盘输入，使所有设定的快捷键都无效，Flash Player 播放器此时不识别任何键盘输入信号（除了"Ctrl+Alt+Del"组合键）。

关闭播放器：fscommand（"quit"）。效果是结束放映，播放器窗口自动关闭，此动作适合添加到影片的最后一帧，当然也可以放在一个按钮上来实现终止影片播放功效。

二、操作步骤

（1）新建文件，参数设置为宽 500 px、高 400 px，其他选项均使用默认。

（2）在"全屏"图层的第一个空白关键帧上添加命令：

```
fscommand ("fullscreen","true")
```

这里"fullscreen"命令设置为"true"，让动画以全屏状态播放，如图 7-76 所示。

（3）新建"关闭"图层，按"Ctrl+F8"组合键新建按钮元件"关闭"，点击按钮添加命令：

```
on (release) {fscommand("quit");}
```

这里"quit"的意思是关闭播放，如图 7-77 所示。

（4）新建"屏蔽右键"图层，在空白关键帧上添加命令：

```
fscommand ("showmenu","false");
```

这里"showmenu"命令设置为"false"，让右键菜单不显示，如图 7-78 所示。

（5）新建"屏蔽键盘"图层，在空白关键帧上添加命令：

```
fscommand ("trapallkeys","true");
```

这里"trapallkeys"设置为"true"，指屏蔽键盘，让用户无法用"Esc"键退出，如图 7-79 所示。

（6）新建"禁止缩放"图层，在空白关键帧上添加命令：

```
fscommand ("allowscale","false");
```

这里"allowscale"命令设置为"false"，意思是禁止影片缩放，如图 7-80 所示。

图 7-76 全屏播放

图 7-77 关闭播放

图 7-78　屏蔽右键

图 7-79　屏蔽键盘

图 7-80　禁止缩放

✎ （实训八）

实训名称：设计下拉菜单。

实训目的：掌握下拉菜单的制作原理和结构，学会下拉菜单的制作方法和技巧。

实训内容：自己设计下拉菜单，形式风格不限。

实训要求：下拉菜单由导航栏和二级菜单组成，导航栏包括四大板块。制作规范，功能正确，注重视觉设计，更重视交换设计。

实训步骤：分小组进行讨论，先设计好板块，然后制作导航栏，接着制作二级菜单，最后添加代码，创建交互。

实训向导：将制作的重点放在元件的结构设计上，保证交互创建正确。

✏️ 实训九

实训名称：设计个人站点。

实训目的：了解网站整体框架、结构的设计，掌握片头动画、主页设计、链接加载的制作方法，学会独立完成个人站点的设计制作。

实训内容：结合所学的内容设计一个个性化个人站点。

实训要求：根据自己爱好做出一个综合性较强的网站，包含简单的片头动画、场景跳转、功能菜单等复杂效果，测试、优化后上传到网络上。

实训步骤：准备素材；制作片头动画、导航栏、主页效果；处理加载影片的效果；加载外部影片。

实训向导：将个人优秀作品，包括平面设计、动画设计、个人相册等内容板块融入整个网站。

图 7-81 所示为页面参考。

图 7-81　页面参考

参考文献

[1] 周国栋.Flash 角色／背景／动画短片设计完全手册 [M].2 版 . 北京：人民邮电出版社，2013.

[2] 史晓燕，单春晓 . 网络广告设计与制作 [M]. 武汉：华中科技大学出版社，2014.

[3] 新华电脑教育 . 中文版 Flash 动画设计典型商业案例 [M]. 北京：电子工业出版社，2006.

[4] 吴乃群，史耀军 .Flash 动画设计案例教程 [M]. 北京：清华大学出版社，2010.